多米尼克记忆魔法

发现你的潜能

You Can Learn to Remember

Dominic O′ Brien
〔英〕多米尼克·奥布莱恩 著　　陆君淇 译

浙江人民出版社

图书在版编目（CIP）数据

浙江省版权局著作权合同登记章
图字:11-2021-237号

多米尼克记忆魔法 ：发现你的潜能 /（英）多米尼克·奥布莱恩著 ；陆君淇译．— 杭州 ：浙江人民出版社，2024.1

ISBN 978-7-213-11203-4

Ⅰ．①多… Ⅱ．①多… ②陆… Ⅲ．①记忆术—通俗读物 Ⅳ．① B842.3-49

中国国家版本馆 CIP 数据核字（2023）第 184118 号

多米尼克记忆魔法：发现你的潜能

DUOMINIKE JIYI MOFA: FAXIAN NI DE QIANNENG

[英] 多米尼克·奥布莱恩 著 陆君淇 译

出版发行：浙江人民出版社（杭州市体育场路 347 号 邮编：310006）
市场部电话：（0571）85061682 85176516

责任编辑：方 程　　营销编辑：陈雯怡 陈芊如 张紫懿
责任校对：何培玉　　责任印务：幸天骄
装帧设计：蔡炎斌
电脑制版：北京之江文化传媒有限公司
印 刷：杭州丰源印刷有限公司
开 本：880 毫米 × 1230 毫米 1/32　　印 张：6.75
字 数：100 千字　　插 页：2
版 次：2024 年 1 月第 1 版　　印 次：2024 年 1 月第 1 次印刷
书 号：ISBN 978-7-213-11203-4
定 价：48.00 元

如发现印装质量问题，影响阅读，请与市场部联系调换。

谨以此书

献给每一位投身记忆运动的志士

推荐序

年过半百的老人参加记忆比赛，这怎么可能？

但，这是真的！你肯定在想：不是说年龄越大，记性越差吗？

以前，我也一直不相信这样的事情，直到我参加了世界记忆锦标赛，在赛场上看到了这样的情景：一位满头白发的外国老人坐在一张桌子前，桌子上放了几十副打乱的扑克牌……这是记忆比赛中的经典项目，参赛者要挑战在一个小时内记住桌子上每一张扑克牌的花色和数字的所有顺序。我相信每个看到这个情景的人都会不禁感叹：这个年纪还在比赛场上，他是个天才吧！他到底有多么强的记忆天赋呀？

这位老人就是多米尼克·奥布莱恩先生，当时他已经50多岁了。我曾读过多米尼克先生的书，也跟他面对面交流过，他的故事非常励志。多米尼克先生小时候有阅读障碍症以及注意缺陷障碍症，所以他在记忆知识和阅读文字时有很大的困难，必须用手指指着单词，否则就无法继续。但不知情的老师们会阻止他这么做，所以阅读对他来说变得越来越困难，他的理解能力和记忆能力自然就慢慢比其他同学差。后来，他在一档电视节目上看到有人在 3 分钟内记住了 52 张打乱的扑克牌，这引起了他很大的兴趣，他开始自己摸索记忆方法，从此走上了大脑的逆袭之路。

从 1987 年开始，多米尼克先生开始训练记忆扑克牌。1989 年，他连续两次创造了记忆随机扑克牌的世界纪录，分别记住了 6 副扑克牌和 25 副扑克牌；1990 年，他再次突破极限，以 35 副扑克牌的成绩刷新了这项世界纪录。2002 年时，他已经将这个纪录冲击到了 54 副共 2808 张扑克牌！

除了记住更多的扑克牌，多米尼克先生同样在速记上有不错的成绩。1994 年，他在 43.59 秒内记住了 1 副扑克牌，创下了世界纪录；1996 年，他刷新了这个纪录，成功挑战了 38.29 秒。

当然啦，多米尼克先生更为人津津乐道的是他在比赛上的表现。从 1991 年第一届世界记忆锦标赛举办以来，多米尼克先生一共参加了 11 次比赛，其中有 8 次都获得了锦标赛的总冠军（分别是 1991 年、1993 年、1995 年、1996 年、1997 年、1999 年、2000 年和 2001 年）。更传奇的是，多米尼克先生曾经靠着 21 点扑克牌（黑杰克）横扫拉斯维加斯赌场，并因此被众多赌场拉入“黑名单”。

从学校里的差生到世界顶尖记忆大师，多米尼克先生发生如此大的变化，我相信每个人都很好奇，他究竟是如何做到的？这就需要提到大脑的潜能，如果你看过江苏卫视的脑力竞技真人秀《最强大脑》，你肯定会惊讶于人类的大脑潜能那么地不可思议。在《最强大脑》的一期节目中，也曾经出现过一位特殊的老年选手，他就是曾经罹患中风的 73 岁老人吴光仁。为了锻炼大脑，预防阿尔茨海默病，他背下了 5000 位毫无规律的圆周率数字；有趣的是，圆周率背诵的吉尼斯世界纪录是小数点后 10 万位，这个惊人的纪录居然也是一位老人在 60 岁的时候创造的，这比很多年轻人的记忆力都厉害了，对吧？

记忆力确实会随着年龄的增长有所下降，但这些拥有超强记忆力的老人，用他们的行动提醒我们，不要小看人类大脑的潜能——即使到了七八十岁，我们依然可以开发出强大的记忆能力，但它的前提是，了解我们的大脑，懂得科学地挖掘我们的记忆潜能。

虽然我没有多米尼克先生的经历，但我也曾经深受记忆力差的困扰。小时候我很爱看书，但看过的书总记不住，甚至连 26 个英文字母也花了两周时间才勉强记住，所以早先我很害怕背诵。后来，我在上大学的时候，参加了学校的记忆协会，掌握了一些记忆技巧才让自己的记忆水平突飞猛进。那会儿，我刚学了一些入门技巧就能在 5 分钟内记住 20 个词语，并且做到倒背如流了；我还学了记忆扑克牌、数字、随机字母等信息的技巧，后来经过专业训练，我也和多米尼克先生一样参加了世界记忆锦标赛。在第 25 届的世界记忆锦标赛中，我打破了抽象图形记忆项目的世界纪录，成为当时中国排名第一的国际特级记忆大师；此外我受邀参加了《最强大脑》、央视《挑战不可能》等等的节目……这一切都是因为我不再使用死记硬背的方法，而是掌握了科学有效的记忆方法，让我的记忆能力发生了翻天覆地的变化。

在《多米尼克记忆魔法》一书里，多米尼克先生介绍了非常适合零基础起步的科学有效的记忆方法，或许能改变很多人记忆差、记得慢的情况。可能你觉得我在开玩笑，记忆冠军用的记忆方法一定不好学吧？别担心。其实，不管是多复杂的记忆方法，都离不开想象、联想、定位这三个基础的要素。

想象，就是把我们要记忆的信息，在头脑中转成图像，不管是数字、字母、符号，还是抽象的文字，都有对应的技巧可以把它们转换成具体画面。这是记忆方法的入门技巧，我当时参加《最强大脑》挑战记忆包子项目时，也大量使用想象，这是非常实用的技巧。联想，是在图像和图像之间建立起联系，这个联系一般是带有故事情节画面或者逻辑的关系，快速建立联系，也是记忆高手能做到快速记忆的能力核心。最后就是定位，也是能否记忆大量信息的关键技巧，这个技巧还有更常见的名称：记忆宫殿或者罗马房间法。一般来说，记大量信息时才会用到定位，所以能用好想象和联想已经足够应付不少的情况了。

可能你还会纳闷，多米尼克先生是英国人，他介绍的方法是不是更适合说英语的人？这是个很好的问题。其实，说不同的语言并不会影响记忆方法和原理发挥应有的作用。不过，语言确实会影响人们使用记忆方法的方式。拿图像编码来说，把一串相同的数字给说不同语言的人记忆，他们可能会用自己的语言和自己熟悉的“对应关系”进行编码，然后经过转换得到不同的图像记在脑子里。这个转换的过程可能跟语言习惯、文化背景的不同有关。我猜，这大概也是大家看到多米尼克先生在书中提到的图像编码感到陌生和疑惑的原因吧。其实，我们想学习记忆方法，无非就是想记得更快、更多，就像多米尼克先生在书里的练习题中说的，我们要做的是把基础的方法一点点完善成容易上手的、专属于自己的方法。拿我来说，我很擅长用联想和想象记数字：比如，数字 00，我更喜欢用的编码是望远镜，因为“00”在我看来像“望远镜”；数字“51”，我更喜欢用的编码是工人，因为“51”让我想起五一国际劳动节，由此想到勘劳的工人等等。这需要你慢慢地了解自己的记忆习惯。

除了介绍有用的方法，多米尼克先生把这些珍贵的方法和背后的科学原理，以及多年以来对记忆的理解，都写在了本书当中，想要了解的你可以仔细阅读。这里也提醒一下大家，任何的学习和改变都不是一蹴而就的，必须了解原理再进行实践。这就像你拿到一本绝世神功的秘籍，即使你参悟了，也要通过练习才能成为绝世高手！

希望这本书可以开启你的记忆之路！

黄胜华
世界记忆纪录打破者
IGM、GMM、IMM、AMM[1]

---

1 这些都是记忆大师的荣誉称号：IGM，即国际特级记忆大师；GMM，即特技记忆大师；IMM，即国际记忆大师；AMM，即亚洲记忆大师。

目　录　CONTENTS

二 记忆脑科学

023

三 相信你的记忆

069

四 精进你的记忆

111

五 生活中的记忆实战

139

六 让记忆在最佳状态

前言

“多米尼克先生！您怎么今年还来参加比赛？听说您已经42岁了。”

1999年，世界记忆锦标赛开赛首日，一位17岁的美国大学生惊讶地问我。这位小伙子告诉我，在过去的6个月里他每天都花6个小时训练记忆力。此次他来伦敦只有一个目的，那就是成为世界记忆冠军。

尽管我觉得他的赛前开场白不大礼貌，但不少人认为他说的话倒也合情合理。聪明活泼的17岁大学生参加记忆锦标赛，肯定比我这样的42岁大叔更有获胜优势。毕竟，从常理来说人的记忆力不该随着年龄的增长而衰退吗？

以前如果有人问我这个问题，我肯定会告诉他“是的”。给出肯定回答的同时，我也附和了人们对记忆的普遍误解——衰老即是健忘。然而，1988年发生的一件事情彻底改变了我的人生。当时，一个叫克莱顿·卡夫罗（Creighton Carvello）的人只用不到3分钟的时间就记住了一副随机打乱的扑克牌，他依靠非凡记忆打破了世界纪录。看到这一幕，我简直目瞪口呆。谁能在这么短的时间里，光凭记忆就把52个没有关联的数字完美地按顺序组合在一起呢？我急切地想了解卡夫罗的记忆奥秘！在强烈的愿望驱使下，我怀揣一副扑克牌，开始了为期3个月的记忆水平开发，然后通过加速学习开始操练实物记忆。

在这个过程中，我自然而然地放弃了失败的方法，改进了对自己有效的记忆技巧。日子一天天过去，我感觉自己好像正在唤醒内心的巨人。不论是我的记忆力还是专注力和想象力，都展现出以往从未意识到的潜力，这在我的人生中还是第一次。不知不觉中，我逐渐摸索并领悟了2000多年前古希腊人所推崇的记忆艺术和记忆术。

3个月的记忆训练让我的大脑仿佛焕然一新。不久之后，我就开始自己训练冲击纪录——一次记住6副（不是1副！）随机打乱的扑克牌，而且每张牌只看一遍。虽然我同样惊喜、震惊于自己拥有如此惊人的记忆，但同时我也感到非常懊恼、悔恨，为什么当初我苦于应付各种考试时没有人教我这些方法呢？

给自己定个小目标

记忆训练的第一天，你可能一次只能记住列表里的两三个条目，但第二天你也许就能就记住 10 个了；等到接下来的一周，你就能记住 20 个了。我也是这么过来的。在此，请允许我分享几项世界纪录：

1999 年，我在一小时内记住了 18 副（共 936 张）随机打乱的扑克牌，零失误；

2002 年，在伦敦辛普森滨河餐厅，我记住了 54 副随机打乱的扑克牌，每张牌都只看一遍。洗牌时，一共有 2808 张牌混在一起打乱，我几乎记住了所有牌的顺序，只出现 8 次失误。至今无人能打破这项单次记忆最多扑克牌数量的世界纪录；

2008 年，本 · 普利德摩尔（Ben Pridmore）以 24.68 秒的成绩记忆一副随机打乱的扑克牌（共 52 张），至今他仍保持着这项最短时间记忆单副牌卡的世界纪录。

小时候，我曾被诊断出患有阅读障碍（dyslexic）。上学时，我是一个注意力不集中、记不住老师讲话的学生。因此，我在学业上表现平平，16岁就离开了校园。太可惜了！我以前竟从不知道这本书所介绍的记忆技巧。今天，即使我们对大脑和学习过程已经有了更多的了解，孩子们却仍不知道如何更有效地学习。为什么会这样呢？真是百思不得其解。

过去的几十年里，我们为了追求好身材而专注健身锻炼，为了保持健康而专注调节饮食和生活方式。随着新世纪的到来，如今的我们该开始锻炼和保养大脑——这个身体的指挥和控制中心了！

希望我的读者在阅读本书、操练书中的记忆技巧时也能发现自己内心深藏的力量——我相信那一定会是“洪荒之力”！

顺便说一句，那个42岁的大叔后来赢得了那年世界记忆锦标赛的冠军，那是他第六次获得这个比赛的冠军。

多米尼克·奥布莱恩

一

记忆简史

从古至今

记忆是人类最古老的一门艺术。对我们的祖先来说，记忆不仅是生存需要，也是日常生活不可或缺的组成部分。在印刷技术尚未发明之前，记忆就是记录历史的石板，帮助人类更好地整理信息、理解世界。彼时的记录工具很原始也很稀有，要想记录事件和数字就不得不用大脑记忆，这可是一项要求脑力和想象力的活儿。早期，拥有良好的记忆力是获得成功的先决条件。比如史诗诗人，尤其是像荷马这样伟大的诗人，早在自己的作品被记录下来之前就已将内容牢记于心；政治家、神学家和哲学家在游说民众时，需要发表极具感染力和说服力的演说，而这些演说的提纲早已在他们的脑海中生动呈现。本章我们将了解记忆在不同历史时期中是如何被使用和发展的。

好记忆与讲故事

小时候（长大后亦然），我们听过的一些最精彩的故事不少是关于祖先的传说，这些故事随着子嗣的代代繁衍而口口相传。子孙后代每一次的传述几乎都会产生微小的差异，有时是为了吸引不安分的孩子的注意力而添加修饰或进行夸大，有时是为了填补已知事实之间的逻辑空白而添加了一两项创作。记忆就是这么被打磨的，这个过程让精彩的故事更流畅、更易传播，但通常仍会保留故事的主体信息。通过听故事，人们积累了过去的知识，并从中了解了自己的祖先。如果仅保存家庭旧照，却缺失与此相关的一手或二手的回忆，那么这些物理记录对我们而言也只是没什么意义的视觉刺激。

让我们穿越时空，回到个人记事本或日记本出现之前，甚至是文字出现之前，重访那个只能通过口述将记忆代代相传的时代。当时，任何对他人无益的叙述都会从集体意识中消失，被人们永远遗忘。因此，古人非常重视记忆，他们普遍认为如果没有记忆和回忆，人们将丢失珍贵的文化遗产。尽管古雅典城中建有图书馆，也发展了有限的图书市场，但这些都无法取代一位记忆力出众的智者存在的必要性。

想必大家都听说过伟大的史诗诗人荷马，他口述历史的壮举并不亚于他所传唱的希腊和特洛伊勇士的英勇事迹。荷马在口传史诗时，会使用一些已经相当成熟的诗歌韵律，围绕熟悉的内容材料进行即兴创作，有时甚至需要将书写作为辅助手段，约有 16000 行的《伊利亚特》就是如此，吟诵全诗需要花四到五个晚上。毫无疑问，作为一名游吟诗人，拥有出色记忆力是荷马的核心技能。

在荷马史诗被书面记录下来之前，其中的诗句多少是可以调整改动的。相比之下，古印度的吠陀传承（Vedic tradition）则认为，不准确地吟唱《梨俱吠陀》神曲会导致宇宙失衡，这将给人类带来可怕的后果。为了避免触发灾难，吠陀祭司小心翼翼地训练记忆，以保证自己永远不会出错。于是这就出现了一个非同寻常的现象，虽然《梨俱吠陀》是一部口传经文，但一般认为今天流传的版本与最初的口述版本非常接近。

口述故事是一种自然形成的、度过乡村漫长冬夜的方式。这为北欧神话的发展找到了一种解释——这些讲述众神、巨人、龙和异形魔兽的传说，虽然来源已经遗失，却在中世纪通过口口相传得到了延伸和扩展。神话故事的题材极端又有趣，加之怪诞、神奇的情节，使得神话非常容易被人记住。这种连接超现实元素和记忆点的手法依然在当今最有效的记忆系统中被广泛使用。毕竟，有什么能比“诸神的黄昏”（Ragnarok）更生动呢？要知道，这可是北欧神话中神与巨人之间的末世大战，标志着世界的终结。这样的故事一旦听过就终生难忘。

古希腊人如何记忆

“助记符”是指用于辅助记忆的词语，在英语中用“mnemonic”来表示，这个词与希腊的记忆女神摩涅莫绪涅（Mnemosyne）有关。据说，摩涅莫绪涅知道过去、现在和未来的一切。她被尊为所有生命和创造力之源（这一联想源于她是九位文艺女神缪斯的母亲，而缪斯掌管所有文学、科学和艺术方面的灵感）。另外，神话还告诉我们，一个人如果喝了死亡之河（Lethe）的水就会失去所有记忆。我们不难从这些神话故事中得知古希腊人的“记忆观”——记忆是灵感源泉，丧失记忆等同于死亡。这使得记忆成为古希腊最为推崇的一种能力。

西蒙尼季斯（Simonides of Ceos）是一位生活在公元前5—6世纪中期的古希腊抒情诗人，他被称为记忆训练之父。西蒙尼季斯有一次在宴会上发表演说，中途突然接到口信说外面有两个人有急事找他。西蒙尼季斯急忙离开，没想到刚出大厅，房顶就倒塌了。除他以外，大厅里所有的人都没能幸免于难［据说西蒙尼季斯出门后并未见到想找他的那两个人，传说这二人是双子神卡斯托尔（Castor）和波吕克斯（Pollux），他们因为西蒙尼季斯在演说中对自己的赞美而救了他一命]。由于罹难的宾客尸体损坏太严重，家属难以辨认，而西蒙尼季斯通过回忆每位宾客在宴席上的座次辨认出了他们的身份。

西蒙尼季斯曾向众人分享他的记忆第一原理——设置轨迹或地点。通过将特定的地点或位置（比如房子的房间或餐桌旁的椅子）与所需记忆的事物的图像相关联，我们就能给一组不相关的物品设定逻辑关联，于是它们就相对容易记忆了。为了记住以任何顺序排列的数据（无论是名字、清单条目，还是演讲中的要点），练习轨迹技巧时需要在脑海中储存信息的地点“折回”多次。有趣的是，英语中意为“主题”的单词“topic”，源自希腊语“topos”，意思是“地方、地点”。

关于记忆术的希腊文献可能在很久以前就已遗失，所幸人们在公元前1世纪到公元1世纪的拉丁语文献中找到了关于古希腊记忆术的记载。通过这些文献，我们发现古希腊人为了确保轨迹记忆的可靠有效，建立并发展了许多指导技巧。例如，存放信息的地点应该是记忆者熟悉的地方，而且在记忆时应该尽可能多地使用人物和动作，使存储在这个地点的任何视觉信息更容易被记住。古希腊人认为感官在记忆中起着重要的作用，尤其是视觉。据说，古希腊哲学家亚里士多德已经认识到联想（即在头脑中为不同事物建立联系）的重要性，它使人们在存储和检索记忆时能采取简洁而合乎逻辑的步骤和方法。我们会在后文详细叙述这些方法，因为它们仍与今天说的增强记忆相关。

作为一项
伟大而美丽的创造，
记忆对学习和生活
永远有用。

《对话录》

古罗马人如何记忆

与古希腊人一样，古罗马人也认为记忆是一个人最为重要的能力。专业受训的演说家表现出的强大记忆力给古罗马人留下了深刻的印象，所以他们很快就看到了记忆在当时的政治舞台上的价值。古罗马人认为，默记是雄辩术（rhetoric）的基本组成部分。一个记不住演讲提纲的演说家，怎么能做出充满激情的辩论、说出令人信服的观点呢?

在记录记忆术的古罗马人里，最有名的或许是伟大的政治家、演说家马库斯·西塞罗（Marcus Cicero）。他在著作《论演说家》（*De Oratore*）一书中将古希腊的记忆术教学传播到了拉丁语世界。昆体良（Quintilian）也写了一本当时很流行的著作，名为《雄辩学原理》（*Institutio Oratria*）。他在书中将一座古罗马别墅作为“轨迹”原则的场景来应用。然而，最完整地记录古典记忆术的著作是《献给赫伦尼》（*Ad Herennium*），其成书年代早于西塞罗和昆体良的作品，据说作者是一位佚名年轻男子。

这三部作品记录的记忆术在很大程度上都借鉴了古希腊人的技巧，除此之外，《献给赫伦尼》还把记忆划分成独特而重要的几个类型。对此，西塞罗和昆体良一致认为，每个人都有自然记忆力（即与生俱来的记忆能力），而非自然记忆（即记忆术）可以强化并改善自然记忆力。在西塞罗的观点中，记忆训练能不同程度地帮助人们增强记忆力。他自认为记忆力很好，能靠记忆连续演说三个小时，但仍需要进行记忆力训练。

记忆术的艰难发展

中世纪时，人们对学习记忆术的价值有了新的认识。经院学者（中世纪的学者）利用古典记忆技巧来讲授宗教和伦理。传教士利玛窦（Matteo Ricci）以训练记忆为由，向中国人传教。他们宣称，记忆能直击心灵，牢记过去是为了能在当下和未来谨言慎行。此外，意象在唤醒恶和善的过程中起到了举足轻重的作用，这也是传教士在布道时生动描述细节的原因。听众很容易记住这些画面，从而激发内心对天堂的渴望和对地狱的恐惧，并且牢记教会的教诲。

朱利奥 · 卡米洛的记忆剧院

16 世纪的意大利哲学家朱利奥 · 卡米洛（Giulio Camillo）因“记忆剧院”而声名大噪，据说它能唤醒人们对遗失的神性的记忆。卡米洛没有简单地描述一个想象中的剧场，而是构思、设计并建造了一些真实的木制剧场，在意大利和法国各地展出，激发了当地人极大的兴趣。剧院的中央舞台大约可以容纳两人站立；观众席上安置了华丽的圆柱和神像，代表着“心灵所能想象的一切和隐藏在灵魂里的一切”。卡米洛声称，要想记住一篇堪比西塞罗的演讲，只需“在脑海中”把关键内容贴在剧院里的神像和柱子上。

在文艺复兴时期，人们重拾对古典传统的兴趣，并在人文主义探究精神的驱动下，对记忆、艺术和科学的兴趣日益高涨。记忆术不再专属于宗教——事实上，钟摆摆了回来——有些人甚至认为它们是魔鬼的杰作。朱利奥·卡米洛（Guilio Camillo）、焦尔达诺·布鲁诺（Giordano Bruno）等记忆理论家，承袭了柏拉图的理论，认为人类通过记忆能超越生与死，靠近神灵。他们认为，人们通过记忆能理解上帝的心灵，解释自然的秩序。卡米洛发明了一系列精美的“记忆剧场”，而布鲁诺则认为达到神性的关键在于心灵的构成方式和它所铭记的内容。布鲁诺发明了许多记忆系统，最终完成了一系列记忆轮（memory wheels）。这些轮子被视为宇宙的缩影，展示了恒星和行星的运行轨道。

布鲁诺把艺术、语言和科学的符号放在记忆轮上，利用感官联想把与这些符号相关的图像和事实记忆在脑中。当他观察天空时，就回忆起与之相关联的图像，他就这样在大脑中不断地建立所见世界的秩序。布鲁诺被贴上异教徒的标签，在1600年被执行火刑处死。随后的几个世纪里，科学的发展让记忆术不再能引起人们强烈的兴趣，然而记忆术的使用却从未消失。在18世纪的启蒙运动中，人们试图了解世界的运作方式，而发现自然和人类思维背后的和谐系统便是重中之重。于是，记忆成了生物科学研究的一部分，人们致力于探索大脑记忆的奥秘。这种对生物科学全身心的投入，很大程度上否定了追求创造力的记忆术，优秀记忆力标志着高智商的观点也就此开始动摇。

19 世纪，记忆与其说被视作一种神秘的精神现象，不如说被看作是一种能通过机械学习和重复事实填满的“空容器”。维多利亚时代私立学校的教师普遍认为，通过重复和背诵就能把知识灌输到学生的头脑里。死记硬背成为当时教育的基本学习方法（某种程度上，这种学习方法对今天的学校教育依然很重要）。这反映了一种不走捷径、努力学习的美德，同时也反映了想象力在科学和工业显著进步的时代遭受的巨大质疑。

当代记忆研究

20世纪，关于记忆的研究发生了转变。记忆研究不再关注提升记忆力的方式（比如培养有助于实现政治抱负的技能），转而开始探索大脑形成并存储记忆的机制。当时一项最瞩目的记忆研究由俄罗斯心理学家亚历山大·鲁利亚（Alexander Luria）在1920—1950年间完成。他的实验被试是一位名叫舍列舍夫斯基（Shereshevsky）的记者，简称“S”。S在编辑会议上从不做笔记，这让S的同事们感到非常困惑。然而，S并没有做笔记的必要，他能记住别人告诉他的每一个字、名字、日期和电话号码。鲁利亚用越来越复杂的数据对S进行测试，他发现S在多年后仍能记住当年测试的内容。这项研究揭开了S的记忆奥秘，S通过将他所听到的一切转化成强烈的心智图像或感官体验，完成了惊人记忆。但S并非有意识地进行这种记忆，他存在一种称为联觉（synesthesia）的状态，各种感官的边界时不时会变得模糊，所以当他读到“门”这个词时能感觉到咸味或是红色的视觉刺激。S的事例一定程度上表明，人们在记忆过程中可以通过使用感官想象出一系列能联系信息的“钉子”来辅助记忆。

自S之后，心理学家陆续研究了数百个实验被试，其中一些人有罕见的记忆缺陷或记忆能力，而绝大多数人的记忆功能和能力都在正常水平。这些研究的结果已经形成了几种关于记忆方式的理论。尽管记忆的生理机制在许多方面仍是个谜，但人们越发认识到古希腊和古罗马记忆术的巧妙之处，它们极好地适应了人类大脑的功能。

近年来，记忆领域最具影响力的研究不是关于人类大脑，而是关于机器。由于人们越来越依赖记事本、照片等外部方式记录信息，记忆技巧已经被严重忽视。人们常依据“内存”容量和访问速度来对计算机的性能打分，并惊叹于互联网的众多功能，却忽视了大脑所拥有的潜力。尽管学校不教授记忆技巧，但大量考试考查的仍是学生的记忆能力。许多人并不知道，增强记忆力只需使用任何人都能学会的简单技巧。今天的人们需要重拾古人对记忆的信念。

一个学习地理的孩子，

也许能说出

非洲每一个已知部落的名字

或太平洋上

每一个小岛的名字，

却不知道

流经自己家乡的河流的名字。

摘自 19 世纪一位英国学校督察员的报告

记忆芯片

人类和计算机的一个显著区别在于两者评估信息的能力。存储在计算机里的数据，只需适当的检索条件，就能一字不差地调取最初输入的信息。相比之下，人类存储和检索信息就比较主观，容易受到情绪、观点、成长环境和许多其他因素的影响。

人类和计算机的另一个区别，是人类能记住一个心理“文件”不同层次的数据，而计算机中储存的数据一旦被覆盖就会永远丢失。

二

记忆脑科学

记忆的
运作方式

公元前 4 世纪，古希腊哲学家柏拉图（Plato）提出，人类大脑中的记忆，就像小木条在凝蜡中划过留下的痕迹。时间流逝，旧划痕会逐渐消磨不见，然后被新划痕取代。柏拉图的理论简洁、漂亮，却掩盖了大脑功能极其复杂的事实——是它让人类能够进行记忆和回忆。尽管在过去的几百年里，科学家积极开展了脑科学研究，但记忆仍然是神秘又令人敬畏的现象，它就像一个奇妙的迷宫。在这个迷宫中，如果你想扩展思维、发掘更多的潜能，那么未来等待你的将是一个令人惊讶的自己。

本章我们将以大脑作为切入点，介绍与记忆有关的生理学和心理学基础知识。诚然，不了解电的原理同样可以点亮一盏灯，不了解记忆机制的人也许还是记忆天才。但是，你一定不会后悔多学了一点这方面的知识，说不定它们能唤醒你沉睡的记忆天赋。

记忆的基础

记忆对人类的生存至关重要。早期游牧民族需牢记能打猎、摘果的地方，以及过冬栖身之处。最重要的，大概就是辨识人的面孔，确定靠近的是朋友还是敌人。记忆与智力、大脑一起进化。尽管大脑是一个非常复杂的结构，但简单了解大脑的功能和局部区域，能更好地理解记忆运作的背景知识。

成年人的大脑平均质量在 1000 ~ 1500 克之间，黏稠度与半熟的鸡蛋差不多。大脑掌管运动、说话、思考和感知等功能，是身体和认知功能主要的指挥中心和处理中心。它同时也是记忆的动力所在。

脑干位于大脑下方，连接了大脑和脊髓。与脑干相连的结构是小脑，它是重要的调节身体运动的中枢；脑干上方是丘脑，是边缘系统（limbic system）的组成部分，边缘系统控制人类情绪的生成和表达。在丘脑下方的是下丘脑，这是一个只有豌豆大小的结构，调控着体温和激素分泌等功能，同时还调节人的睡眠和情绪。大脑中更高级、更复杂的功能结构（为人类所独有）集中在大脑的上部，那里掌管记忆、语言和创造力等高级功能。

大脑表面覆盖着大脑皮层，这是与记忆相关的最重要的区域。大脑皮层在大脑表面形成褶皱，称为沟和回，它们大大增加了大脑皮层的表面积，因此可以容纳更多的神经细胞。虽然大脑皮层只占大脑总体积的 25%，却包含了 75% 的神经细胞（即神经元）。大脑皮层主要参与了感觉信息的整合和处理，它包含两个很大的区域，称为额叶（额叶分左、右两侧）。额叶是负责存储和回忆信息的大脑结构，与人的情绪、性格和智力相关。

大脑总共有大约 100 亿个神经元。人类进行任何形式的精神活动时，每个神经元都会通过轴突和树突与一个或多个其他神经元相联系。大脑中有不同类别的神经元，理论上神经元之间都可以相互连接，生成思想、记忆或促成行动。形成记忆时，某些神经元会沿着轴突以闪电般的速度传递电脉冲，这些脉冲将被其他神经元的树突接收，这一过程形成了大脑回路。

一个神经元可能有数百个树突。神经元的树突和邻近神经元接触时存在微小的缝隙，称为突触。神经元工作时，电脉冲沿着轴突传递，并促使轴突释放一种名为神经递质的化学物质，神经递质通过突触流向相邻神经元的树突。不同类型的神经递质携带不同类型的信息，比如血清素可以充当天然止痛药，而多巴胺可以抑制一些行为动作。根据作用的不同，突触可以分为兴奋性突触和抑制性突触，前者能激活邻近神经元的电脉冲，而后者抑制电脉冲的产生。两者共同控制着大脑不间断的活动——每时每刻都发出数十亿次的电脉冲。很大程度上，突触在调节大脑活动中的作用决定了人类编码记忆的方式。

脑膜覆盖在大脑表面起保护作用，它们被脑脊液所包围。脑脊液在大脑和头骨间起缓冲作用，还能为大脑提供氧气和营养。大脑的正常运作需要不断获取蛋白质、酶、盐和葡萄糖等其他物质生成神经递质，从而使轴突和树突能相互延伸、连接，为记忆过程打下基础。为了维持持续的活动，大脑每时每刻都需要补足氧气来保持神经元的活性。尽管大脑只占身体质量的3%，但它消耗了总摄入氧气量的20%。

大脑，

全是奥秘、记忆和电。

理查德·塞尔泽（美国当代作家兼外科医生）

练习一

学会辨识“气质”

人在瞬间就能辨识熟人，不需要花时间思考哪些特征能帮助做出判断。观鸟者在远处识鸟也依靠类似的方式，这在观鸟中被称为“气质”（jizz，指根据鸟的形状、大小等特征做出整体判断）。人类的“气质”不仅包括明显的面部特征，还包括更微妙的个人特征，比如轻微的驼背、习惯性点头、站立时手的摆放姿势等等。这项训练旨在练习通过细微细节锁定目标，展示了大脑处理信息的非凡能力。试着完成以下练习，你会对记忆有新的认识：

1. 当你在家附近散步时，寻找自己觉得面熟的人。看看四周，再看看远处的人影。你一定会发现熟悉的身影，即使你实际上并不认识他们。

2. 逐一列出你觉得他们有辨识度的特征。你能在多远辨认出他们？

看看自己写的，你可能会惊讶于自己的识别能力！这项能力主要依赖于大脑的无意识记忆。

左脑和右脑

大脑或是大脑上端，是负责记忆和技能（比如语言能力）等功能的区域，被分为左右两侧半脑。左脑控制身体右侧，而右脑则控制身体左侧，目前暂时没有人能解释大脑为什么会有这样的“设置”。连接左右脑的是一层厚厚的纤维束板，被称为胼胝体（corpus callosum），它使左右脑能够相互交流。如果胼胝体被破坏了，身体两侧的意识就被彻底分开了——于是，左脑仍能继续处理右侧身体的各种行为和感知，但右脑却无法接收这些来自右侧身体的信息；反之亦然。

科学家曾认为左右脑控制着不同的心理机能。但更准确的观点是，左右脑处理信息的方式有所不同。对大多数人来说，左脑更擅长“串行处理”（serial processing），即以线性方式一个接一个地分析信息。这使得左脑非常适合接收和记忆语言信息、处理数字信息并解决逻辑问题。而右脑则擅长“并行处理”（parallel processing），即把多条信息综合为一个整体进行处理，右脑更擅长识别和记忆图像、特征和情绪。因此，也有人把左脑比喻为分析师，右脑则是审美家。20 世纪 60 年代，有癫痫病人接受了切断胼胝体的手术，术后他“忘记”了如何用左手写字，如何用右手画画。如我们之前预料的那样，每一侧的手都由相对一侧的半脑进行控制。

然而，左右脑的分工并不是绝对的。如果有需要，左脑同样可以进行并行处理，右脑也能完成“线性”分析。左右脑的专业分工在生命初期就开始了，而且似乎这种设定是先天性的。新生婴儿的脑电测试显示，他们的左脑对“咔嚓”声敏感，而右脑对闪光敏感。此外，左右脑的逻辑处理或创造性活动的水平呈现出一定的性别差异，女性的大脑表现比男性更为灵活。假设一位女性的左脑受伤，她的口头语言能力退化情况可能比同条件下的男性会好一些。

为了最大限度地开发大脑和记忆力，我们需要让左右脑共同参与思考和行动。大多数时候，左右脑是自然而然地共同参与运作的。例如，我们在演奏一种乐器时，右脑负责欣赏音乐，左脑则负责回忆曲调和演奏动作。如果一位音乐家的左脑受伤了，那么他虽然失去了作曲、演奏或歌唱的音准能力，但他仍然懂得如何欣赏音乐。

为了提高记忆力，我们在记忆和回忆的各个阶段都应该有意识地调动左右脑，这些阶段包括获取新信息、存储记忆，以及有意识地回忆信息。因而，要想牢记信息就必须用好逻辑和创造力，只有这样才能完美地呈现你的最佳记忆。本书在后文推荐的所有记忆技巧无不遵循这一原则，请用心体会并练习。

记忆波

人在睡眠状态下，大脑仍保持活跃。在形成记忆以及产生其他心理机能时，大脑神经元以不同的频率发射生物电脉冲，从而产生电位波动的电活动。电活动中不同频率的脉冲变化被称为脑波（brain waves）。

脑科学研究表明，不同的行为活动和思维活动会产生不同类型的脑波。β 波是人在清醒和活跃状态下最常见的脑波。β 波的频率随着人的活动水平和压力程度而变化，高压状态下会产生高频 β 波。闭目养神时则会产生 α 波。有时，人还会同时产生两种或两种以上不同的脑波。例如，当一个人处于深度睡眠时，会产生混合的 θ 波（又称“受暗示波”，比 α 波慢）和 δ 节律（最慢的脑波）；当一个人在做梦或昏昏欲睡时（介于半睡半醒间），就只产生 θ 波。

为了强化记忆、储存和回忆信息的能力，人们需要充分利用大脑释放 θ 波（最好与 α 波结合）的状态，也即表现出高度暗示性的时候。既然人在睡眠状态下无法进行记忆，这一方法的实际意义又是什么呢？如果能找到一种方法鼓励大脑在意识状态下释放 θ 波和 α 波，我们就能把自己置于最佳“心境”中获得最佳记忆。做到这一点，人们只需学会放松。

多年来，我一直练习冥想，它不仅利于身心健康，而且能训练减缓脑波，促进有效记忆。一种最简单的冥想练习就是专注呼吸，每天练习十分钟就能让自己习惯精神上的放松。闭上眼睛，用鼻子吸气，让空气缓慢进入肺部；用鼻子呼气，让注意力集中在排出空气的右鼻孔；再次吸气，注意力集中在吸入空气的左鼻孔。在训练中试着转移你的注意力。当你开始记忆时，尝试重现冥想时的平静（θ 波），让自己慢慢进入那种状态。

记忆的类型

人们在不断记忆新的信息。你可能没意识到，每一个新的想法或体验都有可能触发大脑中一系列已有的记忆“痕迹”。这些痕迹一旦被唤醒，就会与新信息发生互动，试图去解释它、对它分类，还经常会改变它——以各种微妙的方式使它与已有的信息产生联系。例如，你在树林里看到一种有红色菌盖的真菌，可能会想起野生蘑菇汤的味道，以及童年时大人说它们有毒的警告。甚至有的人脑海中会回响起当时说话的声音和语调；有的人可能脑海里会抽象出蘑菇的形状，从而唤醒了原子弹爆炸的画面；有的人会对红色有反应，想起了血和危险的征兆。与此同时，也存在大量转瞬即逝的记忆。大多数记忆都是短暂的，我们甚至来不及注意到它们。即使这样，它们仍会影响我们的行为。

自19世纪以来，科学家们一直抱有一种推测：人类拥有的诸多记忆可以划分为几个不同的类别，不同类别的记忆可能储存在不同的脑区。虽然探寻脑区记忆类型的研究成果有限，但一些分类研究的成果被沿用下来。其中最重要的，就是区分了感官记忆、短期记忆（STM）和长期记忆（LTM）。

1. 感官记忆

感官记忆持续的时间最短。感受器收集到丰富的感官原始信息后，会进行感官储存。每种感官都有相关脑区来处理相应信息。例如，视觉信息由位于枕叶（大脑后侧）的区域进行处理，听觉信息的处理集中在颞叶（大脑两侧）的一部分区域。大脑中也有所谓的关联区域，把各种感官区域连接起来，将所有的输入信息汇集成一个连贯的整体。

感官存储的信息量实际上是无限的，尽管感官数据在被新的刺激取代之前，通常只持续几分之一秒。通过视觉皮层呈现的图像，被称为图标（icon），它停留的时间已经满足一部每秒24帧的现代电影的放映标准，这些图像看起来是连续的（下一帧图标投影时，上一帧仍停留在脑海中）。但一部默片，以每秒18帧的速度进行放映时看起来就是闪烁的，这是因为在下一帧出现之前，上一帧图标已经开始消失。听觉信息似乎比其他感官刺激持续的时间更长，它在感官记忆中会持续几秒钟。

感官储存能过滤来自感官的信号，并在无意识下监测它们。绝大多数感官信息几乎都会立即被丢弃，监测过程只选取一小部分符合某些标准的信息传递给短期记忆。例如，极其鲜艳的色彩、处于快速移动的物体，或无意间听到一句包含熟悉名字的话语。这并不是一个简单的一步流程。对于感官记忆来说，苹果只不过是或红或绿、有些光泽的类球形固体。要感知苹果，必须将这些信息存入长期记忆（也被称为永久记忆或参考记忆），与当下得到的信息进行比较后，才能识别我们眼前的物体是什么。只有产生近似匹配后，大脑才能产生短期记忆。这一完整的记忆过程十分复杂，却几乎是在瞬间完成的。

2. 短期记忆

短期记忆也被称为工作记忆，因为它依赖于兴奋的神经元发生的电化学活动，且经常被用来完成某一特定的工作，比如算账。短期记忆通常只保存 10~20 秒，但它对于需要意识思考参与的活动是至关重要的，即使只是理解一个句子这么简单的任务。尽管如此，短期记忆的容量却非常有限。通常，它只能同时存储大约 7 条信息，包括数字、文字或者图像信息等，但任何已有信息都会被新信息所覆盖。因此，短期记忆很容易受外部信息或者新想法的干扰而丢失。不过，如果短期记忆来自被高度关注的焦点信息，或者是来回重复的信息，又或者是令人产生剧烈情绪波动的信息，那么它就会变得非常强大，可能会发展为长期记忆。当与短期记忆相关的神经活动改变了大脑的生理结构时，这种变化就可能持续几分钟，甚至几十年。事实上，所有的长期记忆都有可能持续一生，只是有的记忆比其他的更难回忆。但这些记忆的痕迹仍在大脑某个地方存在着，只是我们不再知道如何找到它。

3. 长期记忆

20 世纪 70 年代，长期记忆曾是心理学家和程序员的研究课题。研究人员区分了不同类型的长期记忆，分别为陈述性记忆 / 显式记忆、程序性记忆 / 隐式记忆。陈述性记忆让我们能为事物命名，并通过名称理解事物的含义。这类记忆表现了我们一生积累下来的事实和信息的总和。其中有普通的记忆，比如昨晚的晚餐（一般不会持续几天）；也有重大的事件，比如出生和死亡（可能持续很多年）。与我们生活中的事件相关的记忆被称为情境记忆（episodic）。这类记忆会受到发生时间的久远程度、回忆的次数和频率，以及人们对事件的重视程度的影响。

一件事给人的印象越深刻，人们对它的记忆就越持久。事实记忆（factual memory）指的是更客观的知识，比如数学公式或莎士比亚的台词。语义记忆（semantic memory）赋予信息以意义。所以，当我们想起或听到“玫瑰不论叫什么……”这句话（戏剧《罗密欧与朱丽叶》中的台词），会知道玫瑰是一种花，它的茎带刺，花香迷人，通常被视作浪漫的象征。尽管有一些心理学家很喜欢使用这种分类系统，但有的人认为这是人为分类，并不反映大脑记忆方式的主要差异。在他们看来，学习莎士比亚的戏剧本身属于学生生活中的情境记忆，所以记住这些台词可能与记住一场生日聚会相比，没什么不同。

动物有记忆吗?

形容一个人拥有“像大象一样的记忆力”，说明她的记忆力很好；形容一个人的“记忆力和鱼一样”，则说明她的记忆力很糟糕。但动物真的有记忆吗?

有些动物的记忆能力通过基因遗传。许多动物（比如马和长颈鹿）从出生落地那一刻起就能够独立行走，这种能力是从它们的父母那里遗传得到的（对比人类婴儿出生后需要学习行走）。可以说，野生动物的许多行为在出生前就已经“预设”好了。与人类不同，它们在出生后依靠本能多过后天学习得到的经验。

尽管如此，许多宠物的主人声称，有迹象表明他们饲养的小动物具有辨认和学习能力——想想猫咪听到主人的脚步声是如何奔向他们的，以及大多数宠物面对主人的呼喊是如何回应的。

在另一方面，一些专家认为语义记忆很可能运用了某种不同的心理过程。记忆规则和概念，似乎比记忆事实更加容易。即使人们忘记了某个具体的单词，却还能记住这个单词在句子中的意思。在一项实验中，大学生被试被告知了一个关于美国原住民划独木舟（canoe）狩猎的故事，而他们记住的却是关于划船（boat）捕鱼的故事。相比于独木舟，大学生们对船更为熟悉。不难发现，有些词被错记是为了保留更合乎人预期的含义。有的人认为，忘记精准的事实在一定程度上是为了保留语义记忆而做出的牺牲。

程序性记忆（procedural memory）与陈述性记忆非常不同，两者似乎涉及神经系统的不同部分。程序性记忆是关于如何做事的记忆，而不是关于事物是什么的记忆，它让人们能够使用后天习得的某些技能（大部分是无意识状态下的），比如直立行走和骑自行车。这类技能通常学起来并不容易，但一旦掌握就能形成程序性记忆，能够伴随人一生。比如，一个会骑自行车却多年没碰过车的人，只需几分钟就能重新上手这项技能。又如，一名马术师从马背上摔下来，大脑受到严重损伤，连马都认不出来了，但是他一骑上马背却能很快学会骑马。因此，也有人认为，陈述性记忆只储存在人的大脑中，但程序性记忆可能有一部分分布在人的全身，比如在那些能控制肌肉的神经细胞中。

有的研究人员发现，程序性记忆的持续时间取决于相关技能的类型。只有那些需要对不断变化的刺激做出不间断反应的连续技能（continuous skill）才会被记忆终身——比如骑自行车，或者任何涉及平衡的技能。而所谓的分立技能（discrete skill）则是一系列独立的动作，比如驾驶汽车的记忆就不会储存很久，如果隔了一段时间不开车，再次上手就会感到手生，有的人甚至会觉得自己不会开车了。

记忆的形成

为了理解记忆是如何产生的，我们先要了解大脑是如何运作的。人脑的运作方式与计算机非常不同，尽管计算机的运行算是近年来与人脑最相似的一次类比。计算机只是一个串行设备，一次只能处理一个数据，处理完一个后再处理下一个。而人脑不但是“串行设备”，也可以充当“并行设备”。它能同时处理许多信息，并且在处理过程中为不同的独立信息建立联系。

计算机内存将数据储存在确切的位置，并且将数据进行标签化处理以便于检索。而人脑似乎以一种不大成系统的方式存储记忆——理论上，相同的记忆可以从大脑的不同部位通过不同的途径被提取出来。有的记忆可能根本无法获取，因为它们存储时用的标签非常古怪，让人无处可寻。例如，我可以非常清楚地记得在4岁生日时吹灭的蜡烛，但可能一点都想不起来当时在场的还有谁。一种可能的解释是，我对客人的记忆并没有被“归档”在4岁的生日宴会里，而是被归在一些意想不到的标签下，比如“一直盯着我看的人”。

尽管如此，将人脑与计算机进行类比在某些方面是不无道理的。电信号引发大脑生理结构发生变化得到的产物，就是记忆，类似的电信号也参与了记忆的恢复（回忆）过程。在我们感知或回忆起一个事物的瞬间，大脑会生成（或再生成）关于它的短期记忆，此时的记忆是一种在神经元间来回传递的复杂电化学脉冲序列形成的。神经元网络异常复杂的构成模式以及不断变化频率的神经脉冲,在“编码”记忆时起非常重要的作用。事实上，神经元网络的模式不仅代表了记忆，它简直就是记忆。这种模式远非简简单单是大脑有意精心设计的编码，它还是一种意识的活跃成分（根据现代神经科学，它只是大脑中所发生的全部电活动的总和）。

唯有超复杂的大脑才让这种明显的编码过程成为可能。大脑中有数十亿个神经元、树突和突触。一个神经元就能引发一系列电脉冲活动，理论上，这些脉冲穿越大脑的路径比原子在宇宙中运行的路径还要多。

在新的短期记忆中，神经元之间的相互作用会产生一种模式或痕迹，除非它被巩固为长期记忆，否则很快就会消失。许多不同的因素会影响短期记忆的巩固方式——例如，是否在高压之下或在走神状态中等。巩固记忆的过程涉及丘脑（thalamus）以及大脑中心附近叫海马体（hippocampus）的部分。我们认为海马体为大脑其他部分形成长期记忆提供了能量。

记忆的巩固依赖于大脑的可塑性，即大脑不断自我调节的方式。根据前文我们不难得出，工作记忆是在一群神经元周围传递电脉冲的模式。要形成长期记忆，就需要改变大脑的生理特征，比如沿着信号传递的路径增加突触的数量，因此，有的模式确实比其他模式更容易被激活或产生兴奋。如果一种模式越是容易形成和再形成，就越容易产生和唤起与之相关联的记忆。

当神经递质（neurotransmitter）穿过突触时，它不仅会刺激树突中的电信号，还会刺激生成核糖核酸（RNA）。核糖核酸能够控制脑细胞中蛋白质的生成。最近一项研究让科学家们相信，细胞中合成的蛋白质被用来在兴奋的树突上生成更多、更大的突触，使树突在未来更容易被激活（用于巩固特定的记忆）。由大脑生理结构发生永久性改变而产生的记忆痕迹，有时被称为记忆印迹（engrams）。

练习二

测试你的数字广度

本练习将帮助你了解短期记忆被覆盖前能够储存多少数据。跟着以下提示试一试吧。

1. 找一张纸，在第一行写一组 4 个数字的序列，比如 5、8、3、7。再写两行这样的 4 个数字的序列。在接下来的第四、第五、第六行各写一组 5 个数字的序列。往下三行各写一组 6 个数字的序列。如此递推，直到写到一组 10 个数字的序列。

2. 匀速阅读第一行数字。用另一张纸把第一行遮起来，试着回忆刚才看到的序列。检查自己是否记住了正确的顺序。如果全都对了，请尝试记忆下一个长度的第一组序列；如果没有，就继续记忆相同长度的下一组序列。

3. 继续测试，直到同一长度的序列 3 次测试全都记错。你的数字广度就是一次能记住的数字序列所包含的数字数量。

记忆的可靠性

正如不同人有不同的思维方式，记忆也是一种独特的、高度个性化的能力。一切经历都是主观的，不同的人面对相同的经历可能会有不同的回忆（有时这一点非常明显）。然而，这并不意味着一个人的记忆比另一个人的更好。更可能的情况是，我们用一系列个人想法对经历进行了修饰，比如个人的喜好、当下的情绪等。那么，这是否意味着记忆所呈现的某些情况或经验事实并不可靠呢？如果我们确信自己已经找到问题的答案，那么我们真的能够如此笃信吗？

在更深层次的心理学中，思维复杂多样的机制可能会扭曲我们对事件的记忆。因此，上述质疑也就成了最具挑战性的问题。举个例子，我们可能会把内疚感转移到其他人身上，鉴于我们对他们的负面感受，记忆可能会通过夸大事件来表现他们的糟糕。或者我们也有可能压抑过去的痛苦，最常见的“大脑麻痹”的例子是分娩。分娩时，女性经历着痛苦的折磨。但是，如果事后询问母亲关于分娩的记忆，大多数人会说她们本能地“知道”当时是痛苦的，但她们回忆不起当时艰难苦痛的更多细节（这是一种生存本能的简单产物，总体来说，它确保女性不会拒绝生育更多的孩子）。

闪光灯记忆

你还记得听到戴安娜王妃逝世（1997年8月31日）的消息时，自己正在做什么吗？当一件非常令人震惊的事件发生时，人们经常会回忆起生活中与之同时发生的许多琐碎细节，比如在哪里或和谁在一起等。这被称为闪光灯记忆（flashbulb memory，也称闪光灯效应）。心理学家詹姆斯·库利克（James Kulick）和罗杰·布朗（Roger Brown）在1977年发现了这一现象。他们提出，一个令人震惊的事件可能会激活大脑中的一个特殊进程，他们称之为“即时打印”（now print）。不同于正常的记忆，这个进程“冻结”了大脑中的某个瞬间，就像拍立得相片那样，诸如光线质量等巨细无遗的信息都能记录得清清楚楚。尽管闪光灯记忆同样无法避免记忆扭曲，但它比普通记忆更准确，也持续更久。

……………………………………………………………………………

疲劳、恐惧或身体不适带来的压力，会显著影响眼睛看到的结果以及回忆的准确性。身处任何一种压力之下，人们都很难集中注意力，也很难如实观察细节。因此，当一场事故或案件的目击者被要求提供证据时，就会出现一个很特殊的问题。许多心理学家试图研究目击者提供信息的准确性。心理学家伊丽莎白·洛夫图斯（Elizabeth Loftus）发现，无论暴力/伤害场景是真实的还是虚构的（比如在电影中），都不如非暴力场景的记忆来得清晰准确——尽管我们对此的认识通常是相反的。在压力状态中，我们很有必要多给记忆一些机会，试图理解它，就像对待一个遭遇休克的人。在这种情况下，如果想做一件事情就多问别人的意见，千万不要匆忙做决定。这时，你会发现自己比平时更依赖做笔记来避免遗忘。但是，只需过段时间，压力不再那么大了，你还是能对自己的记忆力充满信心。

然而，适量的压力可以帮助我们从脑海中抓取信息。例如，在考试中肾上腺素可以帮助我们集中注意力处理关键问题。但是，当压力使人害怕时，人们就更有可能注意力涣散，遗漏细节，甚至完全回想不起重要信息。

影响记忆可靠性的另一个因素是储存记忆时产生的联系，无论这种联系是否是在有意识的状态下产生的。许多科学家认为，记忆会与一些已经建立起来的、更为稳固的旧记忆产生连接，同时获取一些旧记忆的特征。因此，新信息中的主要信息或经验在存储时会发生略微扭曲。在一个临床测试中，被试被要求记忆无意义的图像，其中包括一个锯齿状图形，那是一个五角星的碎片。研究者认为，被试会在脑海中将这个残缺的图形与星形进行关联，并在脑海中将其补全。当要求回忆这张照片时，被试还记得这个星形不太完整，但对于锯齿状具体是怎么样的却没有明显的印象了。这个实验说明，当我们没法用已有经验建立起参考框架时，可能会把目标事物与类似的事物相关联，因此在回忆信息或体验时，记忆就扭曲了。

练习三

办一场记忆论坛

请和朋友、家人一起参与完成这个练习。通过让每个人分享记忆，可以“拼凑”关于一个事件的完整记忆。这是一个非正式论坛，让气氛尽量轻松有趣，欢声笑语能帮助大家更好地回忆。跟着以下步骤试一试吧！

1. 把参加过同一个活动的人再聚到一起。可以是和亲戚一起野餐（也可以包括他们的孩子），也可以是与好友一起聚餐。你可以在这次论坛中加入能触发记忆的元素，比如大家之前一起吃过的食物或上次活动用的背景音乐等。

2. 告诉参与者，只有到了现场才会知道大家要回忆什么场景。他们可以花 10 ~ 15 分钟安静地想一想，把思绪尽可能详细地记录下来。比如那天人们穿着什么衣服？聊天的话题是什么？有出人意料的事情发生吗？

3. 每个人轮流提供一个相关的记忆线索。比较你和朋友的记忆是相似的，还是完全不同的？如果有人提到了你没有想起的事，这会触发你记起之前被遗忘的细节吗？直到大家都没法贡献更多相关的记忆信息为止。

睡眠、梦和记忆

许多专家认为，睡眠对巩固记忆起至关重要的作用。大脑在睡眠过程中能够从白天犹如炸弹般不断轰炸的外部刺激中得到解脱。在沉睡状态中，我们的大脑可以自由地对白天获取的信息进行回顾、整理和分类。

睡眠分为五个阶段，分别为入睡期、浅睡期、熟睡期、深睡期和快速眼动期。在最后一个阶段，人会经历快速的眼动（rapid eye movement，REM），眼球在眼睑的覆盖下来回转动，这时就尤其多梦。如果晚上有好几次进入深层次的睡眠，这表明快速眼动的频率和时长在逐渐增加。此时，心率会增加，脑波频率与清醒状态下的频率相似。20 世纪 60 年代的一项研究表明，被剥夺快速眼动睡眠的人在清醒时会出现记忆障碍。由此我们才知道深层次的睡眠对巩固记忆的重要性。

关于睡眠和记忆联系的研究显示，快速眼动睡眠会刺激海马体的活动。在睡眠中，海马体会在整个大脑皮层（记忆形成和储存的地方）播放白天经历的活动和体验。这进一步加深了大脑中的记忆痕迹，方便人们在清醒时更容易回忆。

如果在一天中消耗大量时间学习新信息，睡眠需求就会增加。这一现象进一步支持了快速眼动睡眠有助于记忆的观点。研究显示，构成这一需求的睡眠类型正是快速眼动睡眠。虽然我们不能完全确定快速眼动睡眠与记忆之间的相关性，但确有证据表明梦对好的记忆力很重要。人在快速眼动期的表现，暗示人在清醒时的记忆比想象中的要好得多。试着在梦中寻找与过去生活相关的线索吧。昨晚梦到的孩子是否象征着年轻时的你？有没有什么梦发生在你过去熟悉但已经很久没去过的地方呢？用这种方式探索你的梦，可能会得到一些启示。

睡个好觉

人们经常问我如何准备记忆比赛。通常，我会做记忆练习锻炼大脑，也会通过运动确保自己的内循环处在最佳状态。同样重要的是，我在比赛前一定会睡个好觉。

首先，赛前一天的下午，我会至少慢跑四英里。一旦跑步时激增的肾上腺素消退，身体很快就会感到疲惫。然后，我会服用一些银杏提取物（ginkgo biloba）用于改善记忆力。

最后，我会在睡眠前练习冥想来缓解焦虑（世界冠军也会紧张的！），然后让自己顺利进入深度睡眠。

记忆和学习

无记忆，不学习。大量心理学研究表明，记忆是动物和人类重要的学习组成部分。如果没有程序性记忆（或隐性记忆），即使是学习非常基本的技能（比如婴儿学爬）也会成为难事。

19 世纪早期，德国哲学家赫尔曼·艾宾豪斯（Hermann Ebbinghaus）证明学习时间（总时间假设）决定了记忆量。他发现，在总学习时间中可以穿插一些 5~10 分钟的休息时间，人在这些被分割出来的短时间段（一般为 15~45 分钟）中学习最为高效。这就是“分布—实践效应”（distribution-practice effect），其背后的机制部分源于回忆现象——停止学习几分钟后，人对学习目标的记忆会逐渐加强。

回忆很可能是记忆痕迹逐渐强化的结果。回忆的时限随着不同的学习类型而发生变化。令人惊讶的是，人对图像的记忆在学习 1.5 分钟后达到最强，而对手工技能的记忆在第一次练习的 10 分钟后达到最强。分布式学习增加了学习后的回忆次数。

此外，当我们学习信息模块时，新形成的记忆之间会相互干扰，而有规律的休息间隔就能减少这种影响。因此，另一种无意识的学习策略是分模块。

1956 年，美国心理学家乔治·米勒（George Miller）指出，短期记忆似乎一次只能记忆约 7 个项目，这无疑给记忆设置了一个上限。这就好比，如果我们看到地板上有很多石头，在崩溃前我们的大脑最多只能记住 7 块石头散落的位置。米勒推测，只要信息组成不超过 7 个连贯的“块”，短期记忆就能包含大量的信息。大脑似乎就是这样自动处理信息的。例如，孩子学习 26 个字母表时学的并不是整体，而是通过节奏和变化将其分成类似于 abcd/ efg/ higk/ lmnop/ qrs/ tuv/ wxyz 的这样 7 个可管理的块。

记忆和智力

很多人有这样的思想误区，认为人按智力可分为两类，不是聪明的就是愚蠢的。和许多人一样，我在学校的表现并不好。更夸张的是，我接受了老师对我的评价，也认为自己缺乏潜力。我知道自己的水平，也没想着改变。但现实情况是，当初的我大可不必对自己那么没有信心。

可测试智力很大程度上是应用的产物——只要使用正确的方式和高效的方法，我们就都能准确记忆和检索信息。记忆训练增强了我们的学习能力，而训练记忆力又可以提高我们的可测试智力。可以说，专注力、想象力和联想技巧都是关键的记忆技能，同时也让我们更聪明。

遗忘的理论

记忆能持续多长时间？导致遗忘的因素又是什么？所谓“痕迹衰退理论”（trace-decay theory）声称，形成特定记忆的神经连接可能会衰退，不定期使用就会消失。不过，目前尚没有证据证实这一理论。一种更流行的观点是，某一事物一旦储存到长期记忆中就永远不会丢失，只需通过适当联想就能找到它。但是，我们一生中的许多记忆或许共享着相同的记忆线索。在这种情况下，我们很难根据线索挑选出一个特定的记忆，除非还有特殊的原因（额外的线索）。举个例子，我们可能记得上学的第一天，以及最糟糕的一天，而平时上学的日子大多都很普通，几乎找不到什么特别的线索把其中一天与其他的日子区分开。不过，它们并不是从记忆中消失了，只是被“埋”在脑海中一个不成形的集群里。原则上，只要我们去尝试，无论关联方式有多么微妙，一定会找到一些线索让我们回忆起每一天的事情。

根据这个理论，因为记忆之间彼此“抢占”了线索，所以搜寻会变得很困难。干扰作用既有前摄抑制（proactive inhibition，指旧记忆抑制新记忆，线索被旧记忆所垄断），也有倒摄抑制（retroactive inhibition，指新记忆干扰旧信息的记忆，新记忆“窃取”了旧记忆的线索）。曾有人连续花几天时间记忆两个不同的城市名单，如果让他们来回忆其中一个完整名单，估计不会比分别记忆一个城市名单和一个犬类名单的人来得准确。

前摄抑制的发生一部分原因是它让我们做了近似判断。当我们看到一只看起来像柯基犬又不太确定品种的狗时，我们会认为它是“似柯基又不是柯基的狗”。如果让我们回忆这条狗的样子，可能又会想起柯基犬，却忘记了那些让它真正不同于其他犬类的区别性特征。而倒摄抑制似乎是使遗忘更持久的机制，因为它会让旧记忆变得陌生，同时很容易受到逻辑的影响。比如，当我们要学习某一主题的新信息时，会得出与旧结论不同的结论，而新信息会让旧理论变得难以理解，因为理解旧理论的逻辑已经丢失。

似曾相识

法语“Déjà vu”意为似曾相识，用于描述人们对某些事物或体验产生了一种令人疑惑的熟悉感。例如，人们在交谈中，感觉以前在某个场合也发生过完全相同的互动。关于似曾相识的一种理论是，当下事物或体验的特征与之前的某种经历相似，而之前经历的细节已经模糊了，于是大脑就会填补记忆空白，从一些片段中创造真实但存在误导性的记忆。另一种解释是，一个事件可能无意中被直接储存在长期记忆中，然后被重新激活。当然，我们也可能只是遗忘让我们对当前事件的认识产生了困惑。

关于失忆

在极端情况中，让人备受折磨的经历可能会令人选择宁愿否认或抹去自己的过去，也不愿面对有关那段经历的记忆。心因性失忆症（psychogenic amnesia，也被称为歇斯底里失忆症）的患者也许能够背诵字母表、操作复杂的机器，却无法说出自己的名字、家庭地址或其他个人细节。心因性失忆症通常在几天后就能恢复，似乎不对大脑结构造成损伤。有些研究人员认为，受害者的记忆已经彼此脱节；但也有研究者并不支持这种观点，认为这代表了一种对记忆有意识的拒绝，而非真正的无能。

失忆症最常见的起因是头部遭到撞击。当一名足球运动员被撞晕时，他首先会表现出创伤性失忆（traumatic amnesia），他会经历一段无意识时期，思维混乱，无法确切说出自己身处何地。度过这一时期后，他可能会进入逆行性失忆（retrograde amnesia），难以回忆事故发生前的事情，有时甚至想不起几年前的事。随着康复好转，他能慢慢回忆起早期的记忆，想起事故发生前的事情。但是，至于事故发生前的几分钟里发生了什么，无一例外，几乎没人能回忆起来。这是因为创伤干扰了记忆的巩固。在恢复期间，这名运动员也可能会表现出顺行性失忆（anterograde amnesia）或者无法进行学习。这可能会影响他的长期记忆，研究显示顺行性失忆不会损害短期记忆。

由脑炎、中风、长期酗酒或维生素 B_1 缺乏等原因导致的海马体和丘脑损伤，会引发另一种失忆症。患这种失忆症的人一般记得过去的事情，也有正常的短期记忆，但他们无法回忆起一小时前的早餐吃了什么。不过他们的程序性记忆似乎并不受影响。如果每天让他们做同一道智力游戏题，程序性记忆会让他们的解题速度越来越快，但是他们不会记得昨天已经做过这道题。

暗示的力量

催眠状态（hypnosis）是一种类似于睡眠的深度放松状态，通常需要外部暗示的引导。精神分析师会用催眠术来帮助患者回忆“丢失”的记忆。处于催眠状态中的人能够清楚地回应指示和问题。不同人面对催眠的反应非常不同，能够找回的记忆的清晰程度也同样因人而异。有的人通过催眠甚至能回忆起在母亲子宫内的经历。尽管催眠背后的机制尚不清楚，但是普遍认为深度的放松能够让我们在脑海中建立更多流畅的联系（如在梦中一样），这让我们能找到更多线索，找到某些明显已被遗忘的记忆。

儿童的记忆

孩子几岁开始有记忆？胎儿在子宫里也能学习吗？在早期，婴儿尚未发展出将自己视为个体的意识。因此，过去专家常常认为婴儿不可能有记忆，因为他们不能认识到事件发生在自己身上。事实上，婴儿在出生时就已经表现出对母亲声音的偏好，很可能是因为他们在子宫里就已经学会辨认母亲的声音。大约从30周开始，胎儿大脑中的神经元进入快速增长期，长出许多新的轴突，增加了树突和其他神经元交流的机会。这满足了形成记忆的基本条件。

现在，研究人员大多都认同孩子在出生后，几天内就能认出自己的母亲是出于一种本能。这似乎表明，无论是多基本的记忆都是先于意识的，而非相反。我们也可以认为，记忆以及记忆之间的联系是自体感受的必要组成部分。

婴儿成长到8~9个月左右，开始表现出发展外显记忆和短期记忆的迹象。他们开始用手势表示自己想要特定的物体，并能够自己寻找被隐藏起来的东西。几个月后，婴儿开始学习语言，也因此发展出语义记忆。然而，孩子的语义记忆与成年人相比很不稳定，主要通过松弛联想（loose association）和反复试错得到发展。举个例子，一个孩子一开始用“呱”指示池塘里的鸭子，然后用它指示液体、有老鹰图案的硬币，最后是任何像硬币一样圆形的物体。与此相类似的，一个孩子学习了“球”这个词，然后用“球”来指示气球、可以回弹的东西、圆形卵石，等等。

孩子的大脑似乎不断地对来自外部世界的新假设进行测试、接收和排斥。因此，他们的记忆并不像成人那么稳定。这也解释了为什么孩子对事实的认知呈现出断断续续的进步，以及为什么看上去已经学会的语言技巧后来又暂时不会了。

完美的图片

遗觉记忆（eidetic memory）又称摄影记忆，是一种过目不忘的能力。人们常惊叹于成年人能拥有这种记忆力，但许多孩子能很轻松地做到。19 世纪初期，心理学家 G.W. 奥尔波特和 E. R. 杨施分别发现，10～13 岁的孩子在 35 秒内看完一些图片后，能详细地回答关于图片细节的问题。令人惊讶的是，关于遗觉记忆的研究非常少，为数不多的研究显示，在 11 岁以下儿童中，8%～50% 拥有这种遗觉能力。心理语言学家认为，这种能力的丧失（通常发生在青春期）可能与学校过于强调语言技能有关。

记忆和衰老

“人老了，记忆力就变差”的说法很没有道理。人到暮年，并非完全不能避免记忆衰退。真正难以避免的，是衰老会影响大脑处理和存储记忆的速度。这就是老年人为什么在定时智力测试中的表现通常比年轻人差的主要原因。如果能给他们更多的时间完成测试，成绩其实与年轻人相差不大。

为什么随着年龄的增长，大脑的运作会变慢？一部分原因是血液循环变慢了。人年老时，由于心脏和动脉出现老化，大脑达到最佳状态所需的氧气需要花费更多时间才能抵达大脑。由于神经元对氧气的供应量高度敏感，氧气不足会导致神经元获得的能量减少，树突的兴奋水平降低，于是巩固或检索记忆也就变慢了。

在正常、健康的情况下，调出长期记忆的能力在一生中都不会改变（尽管短期记忆能力可能会衰退）。这是因为随着年龄的增长，大脑中的 RNA 编辑速度（RNA 控制脑细胞中蛋白质合成，促进大突触的生成和好记忆的巩固）会随着年龄的增长而变快。

实际上，现在有许多科学家认为，社会刻板印象可能是导致老年人健忘的因素之一。由于我们相信年龄增长会导致记忆力衰退，无意识间“夸大”了生活中遗忘的事情或场合的重要性（相较而言，年轻人对事物偶尔的遗忘，根本不受重视）。这反而让我们开始焦虑自己正在衰老，思维也没那么敏捷了。当然，焦虑也会损害记忆能力。所以，一旦我们开始担心衰老和记忆丧失，可能在自证预言（self-fulfilling prophecy）下真的成了典型的“健忘老年人”。

所以，请记住这一点：要想“宝刀不老”，对记忆力多些信心也就成功了一半。

用之，弃之

只要能保持大脑健康，它在我们的一生中都有可能保持灵敏。正如通过锻炼能让身体健康、小心饮食能避免病从口入，我们也应该关爱大脑健康。记忆训练就是绝佳的大脑锻炼，如果我们把记忆训练纳入日常生活，并对自己的记忆力葆有信心，它就更有可能继续胜任各种任务。日本的一项研究表明，80 岁以上的老人可以比 60 多岁的人拥有更好的记忆力和心智敏锐度（mental agility）。不同的是，实验中的 80 多岁老人们还在坚持工作。当然，这不是建议大家都工作到那个年纪。无论你在什么年龄段，每天做一些思维训练都可以帮助你保持良好的记忆状态。

三

相信你的记忆

如何提高记忆力

提高记忆力的第一步，是你需要相信记忆是一种可以不断强化的能力。当我们说一个人的记忆力很差，这与说他是色盲或秃顶的意义是不同的（后者改变起来比较难）。因为只要你开始使用简单的记忆方法，就能发现自己记忆各种事物的能力都有所提高。

记忆有三个基本步骤：找记忆点、储存记忆和调出记忆。在本章中，我们将介绍如何通过运用想象、联系、锚定、聚焦和观察的技巧，来高效完成记忆的每个步骤。我们还将分析健康的身体对提高记忆力的影响，以及感官如何帮助我们保持记忆。让我们来看看记忆唤起的原理吧。

记忆体育馆

想象一下大脑里100亿个神经元的样子。当你阅读时，电脉冲不断地在大脑中传递，数以百万计相互连接的神经元帮助你理解文本的含义。现在想象一下，如果这些连接变得更强了，那将会是多壮观的景象！挖掘大脑的潜力、让思维更强更灵敏，这就是记忆训练的全部意义。除了学习如何正确地记忆和回忆信息，记忆训练还有许多其他好处。刺激大脑保持活力的同时，也将提高我们各方面的思维能力，比如阅读小说或合理论证的能力，以及欣赏艺术作品的才能。当我们在记忆时，神经元之间建立了新的连接，信息的传递从而变得更快、更方便。这样，当我们需要获取信息时，大脑就可以更高效地运转。

大脑并不是肌肉，但为了证明训练可以带来变化，在此我们用肌肉作类比。大脑的功能是越用越强大的。我们都知道全身心投入的状态是什么感觉——时间好像流逝得很快，脑力付出得到的成果让人欣慰，充分专注投入的感觉令人更加精力充沛了。需要注意的是，肌肉的潜能是存在上限的，而记忆却有无限的力量，毕竟我们暂时还没法完全开发大脑的潜能。不过，如果我们不给予大脑足够的任务，它就会和缺乏锻炼的肌肉一样——智力会衰退，曾经能轻松解决的任务也会变得难以胜任。不妨做个小测试，请花一周的时间每天做一个简单的谜题，比如报纸上的填字游戏。随着时间的推移，你会发现自己解题越来越得心应手。然后，再用一周时间远离这些谜题，当你重新拿起题目时，会不会觉得它们比之前看起来难？

这些变化并不只与心智敏捷度有关。研究表明，以这种方式使用大脑，能让思维网络变得更广更密集。每天花 15 分钟就能提高对简单事件的记忆能力。所以睡前的最后一件事，试着依次记住白天所做的事情吧。专注去回忆某些特定的对话、你所处的周围环境，以及你在白天的想法或感受。经过训练，你会发现当自己开始专注于回忆白天的事情时，想起细节会变得越来越容易。

记忆的艺术

如果你的思维是一个房间，它会是什么样子的？对我们大多数人来说，思维就像一个阁楼，门口放了整理好的触手可得的物件，但各种各样的宝物（包括传家宝和小摆设）却随机堆积在深处的阴影里。找回已经一两年没用的东西可能需要花费一段时间，我们还不能确定是否真的能找到它。但是，是时候该整理收纳了！如果我们能够学会更好地利用可用的思维空间，就能更有效地储存和调出信息。

你可能认为这是一个牵强的比较，过度简化了大脑的复杂性，毕竟它可是生物学上的一个奇迹！事实上，从实用角度来说，这个类比是完全合理的。如果我们想了解记忆是如何运作的，就可以想象自己在档案室把一条信息放在合适的柜子里。实际上，存储、保持和回忆是相当有条理、讲方法的，它们整理了混乱的思绪，让我们能根据一定逻辑寻找到需要的信息。

之前，我们介绍了大脑的两个半球——左脑处理逻辑和语言，右脑负责发挥创造性。记忆需要有逻辑地组织，它在很大程度上是一种左脑活动。从这方面看，你可能会认为记忆是一门应用科学。但记忆同时也是一门艺术，感官获得的信息经由想象力的创造性加工而变得令人难忘。通过结合逻辑思维和创造性思维，整个大脑的思维网络连接在了一起，使我们更有效地创建、存储和检索各种记忆。

本书介绍的记忆训练技巧与古希腊人的记忆术存在相似之处。经过10年的记忆研究和训练，我将古希腊人的记忆术总结为3个主要要素，分别是想象（将新信息转化为储存在脑中的图像）、联想（将新图像与已知图像相关联）和定位（图像间的联系锚定在记忆宫殿或“地点”中）。关于以上要素背后的原理可以参考“记忆的艺术”和“想象的艺术”两节的内容。在本书中，我还将提供一系列进阶训练方法，从简单的助记符一直到视觉钉记忆法（可以看成半轨迹法）。后者在路径记忆法中达到了顶峰，这也是我在执行最苛刻的记忆任务——包括世界记忆锦标赛时的首选方法。

当我们需要记忆一系列按顺序排列的数据时，做好定位非常重要。在此基础上结合想象和联想，我们就有能力记住任何想记住的信息。在详细描述这 3 个要素背后的原理前，作为“尝鲜者”，让我们举一个运用了想象和联想的例子。

本质上，记忆艺术中最基本的技能就是为每一条想保留的信息创造一个心理符号。下面让我们试着记住下列与南极探险有关的历史细节吧。罗尔德·阿蒙森踩着滑雪板去南极；欧内斯特·沙克尔顿带着狗旅行；罗伯特·法尔肯·斯科特愚蠢地带着小马旅行。首先，将这些事件在脑海中转化为一张张图像。这是一个建立约定的过程，把单词“翻译”成完全由你规定的含义，然后找一个图像，以某种方式将它们与你知道的含义联系起来。罗尔德（Ronald）可能会“打滚”（roll），所以你可以想象他在滑雪板上打滚；沙克尔顿（Shackleton）让你联想到那些被“拴”（shackled）在雪橇上的狗[你还可能联想到欧内斯特（Ernest）“认真地”（earnestly）穿过冰原]；法尔肯（Falcon）有猎鹰的意思，想象一只鹰在城市上空盘旋，就像斯科特选择了一种不适合去南极的交通方式。用这种方式记忆，不但能记住探险者的交通方式，而且还记住了他们的名字（实际上，斯科特的例子是用了他的中间名，但是记住了中间名，完整的姓名会很容易回忆起来）。

当我们把这些图像在脑海中归档时，需要确保它们能在脑海中保留足够长的时间（也许几天，也许没有期限）。最有效的一种方法是重复记忆信息，每重复一次，记忆就会加深一些。

绘制属于自己的记忆进度表

请把这本书中的记忆技巧视为有意识记忆训练的一部分。你可以尝试使用视觉钉记忆法或路径记忆法来记忆随机数据，同时留意记录自己的进度。在改善记忆的早期阶段，这很可能是一件艰苦的工作。在训练过程中不妨给自己设置量化的目标，这样能帮助你跟踪记忆保持的情况，更重要的是能让你对训练保持热情。这本书中的练习都能自测完成，不要只做一次就丢到一边——对他们进行适当调整，然后继续练习吧。最终，你就会看到自己比想象中更早取得收获，这将不断激励你提高与进步。

遗忘是一张黑色的纸，

记忆在遗忘中写下光的字符，

使它们清晰可见。

托马斯·卡莱尔（苏格兰哲学家、历史学家）

想象的艺术

古希腊哲学家亚里士多德（Aristotle）认为，想象和记忆是紧密相连的，它们同属于灵魂的一部分。无论我们是否相信灵魂的存在，都能很自然地认为想象与记忆相关联。和记忆一样，想象也用到了大脑的两个半球。我们不妨将想象视为一种符号转换器，它把左脑处理的线性的、成系统的信息，转换成右脑能反馈的生动、有创意的信息。

在应用中，重要的是认可想象是记忆正常运作的关键，也是高效记忆非常重视的因素。我们将发现，记忆的高级技巧会要求我们将想象力延伸到让大脑中处理理性、逻辑的区域感到陌生的程度。

回忆一件你曾经忘记的事情。可能是一本你无法集中注意力读完的传记，或者是一次让你听睡着的电台谈话。当我们抱怨自己遗忘了什么东西时，我们真正想说的往往是“这件事情难以令人兴奋”，它没能激发我们的想象力。换句话说，如果某件事令人难忘，那它一定是令人充满想象的。

有效运用记忆有时甚至要求激活非常普通的信息，比如一组数字、一个购物清单、一组路牌。实现这种转变的第一步是心理成像（mental imaging），我们可以在脑海中想象一些现实中的东西（比如数字 56、一盒蔓越莓果汁等）。然后将这些心理图像进行可视化，把它转化为曾经体验过的事物的不同方面。当我们能在脑海中清晰地看到它的样子时，就能想象它给其他感官带来的感受。它闻起来是怎么样的？可以吃吗？摸起来是什么感觉？会发出什么样的声音？不过，即使能唤起一种感官刺激还不一定能给人留下印象，所以我们通常还要给它增加一个新的维度，也就是加入想象。这意味着从此进入一个有无限可能的世界，在那里很容易产生令人兴奋和难忘的效果。比如，记住买橘子，我们可以想象橘子像小太阳一样挂在天上熊熊燃烧。比如，记住买金枪鱼罐头，我们可以想象长了鳍的罐头和许多鱼在水里游泳。

赋予无生命的物体运动和生命、人类或动物的行为或者超常规的形变，都能帮助你在脑海中留下关于物体的印象。所想的图像越是脱离现实，就越容易被检索与回忆。创造图像的目的是帮助你修饰想要存储的信息，增强它们的存在感。我们可能不会立即记住这个物体，但理论上我们会记住为它所创造的场景，甚至是“创造场景”这一行为。

我们都知道，想象力是让创意艺术家出众的特质，这可能会让希望自己能有丰富想象的人有一点尴尬（看来愿望很难实现）。事实上，每当我们期待探险、外出或度假时，或者想象某位朋友的模样时，都会调动想象力。在我们的内心剧场（inner theatre）中，没有什么是做不到的。你可能会问自己，那怎么才能发生这样奇怪又意想不到的变化呢？你只需要拥有信心，从根本上相信发挥想象力是增强记忆的主要途径。试着大胆去做吧！尝试后，你就会惊讶于思维方式竟然能如此迅速地发生改变。

和记忆一样，想象力也是用得越多就越敏捷的。把日常生活中的各个方面想象成生动又超现实的样子，对你来说很快将不再是难题。当我们观察到自己的变化时，请记住，许多特定记忆技术的关键技巧就是富有想象力的创造发明。

练习四

画一幅记忆画像

想象能够“召唤”出令人难忘的超现实画面。在这个训练中，我们将通过为购物清单上的物品“画”出心理图像来操练这方面的记忆。这个过程涉及对物品进行形变，即改变它在脑海中的外观，从而起到令人记忆深刻、方便记忆的效果。请按以下步骤试一试。

1. 尽可能详细地想象一个苹果。它是红色的，还是青色的？它是大苹果，还是小苹果？它是完好的，还是有瑕疵的？它是成熟的，还是青涩的？当你给出答案时，眼前似乎也浮现了一幅画面，展现了苹果在现实中的细节。

2. 继续“端详”你得到的心理图像。你能让苹果变得更显眼些吗？你可以想象它是一个巨型苹果。如果它和篮球一样大，你会用膝盖颠着它回家，还是滚着？如果把它拟人化，这些人的特征来自谁呢？是你的一个朋友，还是一个脸颊红润的人？

3. 从购物清单上取另一件物品，比如一个鸡蛋，用上述方式夸大或美化它。选取 5 个物品进行练习。

下次去商店，看看自己是否能记住这个“虚拟”购物清单，用图像提醒自己需要买什么。然后看看能不能把这个列表扩展到 10 个物品。感受一下自己的进步！

联想的艺术

联想是两个不同的事物之间建立起来的心理联系。我们无时无刻不在建立联想。举个例子，假设某个工作日你吃完午餐步行回公司，在路上看到一辆邮政车经过。这辆邮政车让你想起早上原本打算给人寄东西，随后你想起来是要给母亲寄生日贺卡。这种建立在不同想法之间的联系在一瞬间就可以完成，而且这个过程非常迅速，一般很难觉察到，但它们是回忆的重要部分。我在训练记忆力时，很快就意识到自己在重新关联生活中已经存在的联系，这使我不仅回忆起了需要记住的事情，同时也回忆起了被遗忘的生活经历。

受到固有意义（inherent meaning）或文化传统的影响，许多联想的出现自然又合乎常理。例如，高尔夫球具与钓竿可以通过功能进行关联，因为两者都是休闲娱乐工具。通过阅读，眼镜与学术或智力之间建立起了关联。成功的记忆不但能使用这种自然建立的联想，也能在难忘的图像与容易忘记的事物之间建立全新的、奇怪的联系。

例如，你在聚会上遇到了一个名为霍勒斯·华盛顿（Horace Washington）的人。如果你使用自然联想，那么记住这个名字不是什么难题——霍勒斯，与一位古罗马诗人同名；而华盛顿，是一个美国的城市。比起只知道读法或拼写，现在你对这个名字有了更有趣、更有意义的具体联想。如果刚遇到的那个人散发着一种梦想家的气质，那么你可能会把他与编织梦想的诗人联系起来——这会让你对他的名字留有印象。如果这个人的外表和行为作风都不太讲究，或许你还可以因为他虽名为"华盛顿"，却与华盛顿特区严谨、对称的城市规划形成强烈的反差而对他印象深刻。现在，你已经建立起了对这个名字以及对这个人的联想。这种强化效应能帮助你在未来很好地回忆起来。

也许有人会对这个例子抱有异议，毕竟这是虚构的场景，其成功的关键在于对方拥有梦想家的气质，而在现实中这是一个非常不太可能发生的巧合。但是，你总能找到一些现实的联系，无论它们直接与否。比如说这个人不太守时，那么霍勒斯（Horace）这个名字的发音也许能与瑞士手表豪利时（Oris）产生反讽的效果。或者这个人也许看起来很迟钝，你也可以把他的名字分写成两个词——“ho”（嗬）表达惊讶，“race”（竞赛）暗指速度。

以上都是基于词的语义和发音发展出的联想，希望能帮助你更好地完成记忆（以及检索）。

定位的艺术

我们在前文简单介绍了定位艺术在古希腊人和古罗马人记忆术中的重要地位。轨迹记忆法是其中的根本记忆原则。这一历史悠久的记忆原则也成为我斩获六届世界记忆锦标赛冠军的核心秘诀。把获得的海量数据一一“存放”在脑海中的特定地点，能帮助我有效回忆起这些信息。通过不断练习，我现在使用起来更加得心应手了。

定位和联想非常相似，都是平时很难觉察到的大脑活动。请试着回想最近发生在自己身上的事。你做了什么事情？如果你打算向朋友详细描述自己的一天，有可能会在回忆中发现定位点存在的明显痕迹——“起床后，我去厨房煮咖啡，然后去浴室冲澡，坐在厨房吃早餐……”。研究表明，旅行中的人们常能精确回忆起一天中发生的所有事件及其顺序；即使是对话细节，他们也常能清晰地回忆起来，因为对话往往包含在与对话场景有关的记忆中。我们在旅行时游览的不同地点可以作为某种线性的心理框架，使我们的具体体验和经历变得鲜明、醒目。

在日常生活中，“找钥匙”同样进一步验证了定位对于记忆艺术的重要性。早上匆忙赶去赴约，出门前却发现想不起大门钥匙放在哪里，这大概会让绝大多数人感到烦躁和沮丧。对此，很多人触发记忆的方式是追踪路线。之前进门时，我手里拿着钥匙，然后径直走向书房检查电话留言。但是钥匙并不在沿途经过的地方！所以我继续追踪（可以是字面意思，也可以是在脑海中的想象）自己的路线，来到挂外套的门厅……直到最终找到钥匙。以上过程就是定位在日常生活中的使用。

固定的定位点是轨迹记忆起作用的基础，因此我们总能回到同一个心理位置去收集“存放”在那里的各种信息。锚定是定位记忆的重点。当我们运用定位艺术时，就将图像或数据（任何想记住的东西,比如演讲大纲）与脑海中一个固定、具体的地点相关联，比如熟悉的房子或者路线。因此，当在回忆信息时，只需要追溯走过的路径就能在那些存储信息的地点发现想要的数据。我们将在后文介绍一些记忆技巧，帮助你挑选有效的心理定位点并且可靠地锚定数据。

路径记忆法极大地开发了定位原理的极限，让我们能够记忆或回忆非常惊人的数据（比如我就是用这个方法来记住多副打乱的扑克牌顺序）。定位记忆法虽然是一种古老的记忆术，但毋庸置疑它仍是一种强大的记忆辅助工具。

聚焦的艺术

形成记忆的最初几秒钟对记忆有极大的影响。这里的问题不在于先天记忆力的好坏（每个人都有好的记忆力，只是多数人不知道如何充分发挥潜力），而在于专注力。集中注意力意味着观察我们所看到的、倾听我们所听到的、感受我们所接触到的、品味我们所闻到的和尝到的，同时还要关注我们的所想。记忆时专注的要诀在于全身心地投入我们获得的信息以及体验，同时在脑海中建立合适的联想，比如在使用轨迹法时，预选地点后需要为此建立相应的心理图像。在这个过程中，信息会从短期记忆转换为长期记忆，方便我们在未来随用随取。

这里的关键能力就是专注力。我们或许认为，自己可以同时做不止一件事情，比如一边读书一边看电视新闻。只不过，在理论上这种分散的专注是不可能发生的。如果我们试着同时做两件事，注意力需要以闪电般的速度在两个事件之间来回切换。换言之，我们的注意力根本没有集中在任何一件事情上。

当你尝试进行有目的的记忆时，将精力集中在记忆的对象以及记忆方法上非常重要，这能避免来自外部的刺激对你产生干扰。要知道，我们的大脑能够达到 100% 的专注！通过冥想练习就能进入完全的专注状态，这也是我在记忆中的做法。

练习五

记忆冥想热身

我们将在下一章介绍一些记忆方法。在正式练习前，请试着调节自己的脑波频率，让它保持低频，方便你进入一种完全专注的状态。请通过以下步骤练习冥想：

1. 选择一个安静的房间，确保自己不受干扰。平躺在地板上，必要的话可以垫一个枕头。双手放松，顺势放在身体两侧。用舒服自然的方式舒展双腿。

2. 闭上双眼。用鼻子慢慢地深呼吸。感受空气吸入身体的感觉，你的横膈肌会扩张，腹部会抬高，胸腔也会慢慢抬高。然后，呼出空气。在冥想中，你需要保持这种呼吸方式。

3. 把注意力集中在两眼后方。想象那里飘浮了一点小小的、明亮的光点。然后，把所有的注意力都集中在那个光点上。

4. 这个光点随着你的呼吸而放大、收缩。在你的想象中，你能清晰地看到它在吸气时变得越来越亮，在呼气时逐渐变得黯淡。如果这种注意的状态不会让你觉得难受，就保持一会儿。每天至少练习一次这样的冥想，它能帮助你集中注意力。

观察的艺术

古希腊人认为，视觉与记忆存在最直接的关联。在他们的观点中，一个人的观察力越敏锐，他对事物的记忆就越准确。虽然相关的真实情况是——如果我们能充分调用所有的感官，就能更好地记忆（这个问题看起来更为复杂）。

不过，古希腊人的观察不无道理。人在专注状态下观察一个物体（留意它的颜色、形状、大小和显著特征），比仅仅瞄一眼能留下更深刻的印象。大多数情况下，我们只是用部分注意力在看东西。举个例子，生活中肯定有你经常能看到的有独特花纹的鸟。试着根据回忆给这只鸟画一幅简笔画，你需要在画中标识出它有斑纹的部位。下次再看到这只鸟时，拿出你的画与真实的它进行比较，你可能会惊讶地发现自己竟然记错了！

在遇到诸如需要回忆路线的情况时，拥有优秀的观察力就有了惊人的优势。当你给一个陌生人指路时，倘若此时脑海中能“看到”各种地标建筑无疑将锦上添花。在脑海中精确地回忆视觉细节，属于一种专注力和警觉力的练习，这些练习的结果会在日常的记忆训练中得到反馈。观察事物的外观细节不仅能让它们变得更好记,还能反过来加强联想——将事物顺利“写进”长期记忆。

关注细节

训练观察力对记忆和回忆都非常有帮助。以下练习能帮助你在看东西时减少“感知过滤”，“还原”你所看到的事实“真相”。

1. 拿一支铅笔和一张纸，再找一个花瓶或其他东西。在这个练习中，你的绘画水平如何不是重点，唯一的目标是尽可能详细地在脑海中重现你观察到的场景。

2. 如果你找到了花瓶，花 5 分钟左右的时间尽可能多地观察花瓶和花的特征。这个花瓶有什么图案？这些花有多少片花瓣？花朵是完全盛开的吗？叶子上叶脉是什么样的？观察细节时，不要丢失明显的细节（如颜色、形状、数字等）。

3. 撤走花瓶，把你看到的东西画下来。你可以给这幅作品添加注释，说明其中的颜色和一些你无法完全用绘画表现的细节。完成后，拿出之前的花瓶，将它与你的作品和注释进行比较。你对颜色、形状和大小的观察有多准确？有什么遗漏吗？

你可以多准备几个这样的“模型”，定期重复这个训练，逐渐提升自己的观察力。

重复的艺术

一遍遍地重复知识或事实直到牢牢记住的方法被称为死记硬背，这种记忆方法在教学中存在很大争议。一部分原因是死记硬背的过程非常机械，今天我们更相信难忘的是自己感兴趣的或者和自身相关的信息。尽管如此，“重复”却毫无疑问在记忆中拥有至关重要的地位。重复并非像一群维多利亚时代的学生那样反复吟诵课本，让人在回忆起感受（sense）之前先回忆起声音。相反，重复是进行记忆的“排练”，定期回顾记忆过程，修复大脑中关于联想的各种方法。

在完成初次记忆后，应该以什么频率与时长进行这种形式的回忆练习呢？我们很难给出一个确切的指导方法，因为这很大程度上取决于信息类型以及你所采取的记忆方式。举个例子，假设你在十分钟后要打一个电话，现在需要把这个电话号码记住，那么记忆“排练”就是在这个特定的时间段中进行。在这种情况下，重复是有价值的，而且确实非常有必要，即使你根本没有用到记忆方法——换言之，只是死记硬背。但是，如果在重复的过程中有人打断了你，那么你很有可能会忘记这个数字。因此，更好的方法是活用多米尼克记忆体系中的方法，或者用数字—形状记忆法。与此同时，你需要重复的不是数字本身，而是重复经过重新编码后的版本，以及把编码转换为数字的方法。

如果你的目标是吸收一篇杂志文章中的信息，那么你可以考虑遵循“五原则”（rule of five），即在初次记忆关键内容后的一个小时、一天、一周、两周以及一个月后再重复这些内容。无论你使用什么记忆方法，这个原则都会奏效。此外还有一个值得分享的小技巧，那就是在完成信息编码后的 5 分钟内进行几次重复练习，会有锦上添花的作用。

每当我们完成一次回忆，通往特定信息的记忆通路就会得到加强，这就好像一条路走多了，路线会变得越来越清晰、好走。虽然重复练习不能确保你想起需要的信息，但它对精确地回忆信息有非常大的帮助。

记忆和健康

几个世纪以来，人们一直在寻找能改善记忆的物理方法。17世纪时，某些北美人认为戴海狸皮做的帽子能增强记忆；曾有一段时间，最受欢迎的增强记忆的方法是用蓖麻油摩擦头部或背部。

相关的保健潮流来来去去。今天的我们意识到，提高记忆力、保持最佳记忆状态的一个有效方法就是保持健康。健康的身体是健康头脑的保障。

很多专家认为保持健康很容易，只需定期锻炼、健康饮食。无论是隔天游 500 米还是每天在街区里快走，只要能调动四肢、加快心率、促进血液循环就好。运动后身体中的血液流经大脑时能为神经元提供氧气和营养物质，保证神经元的健康运作。我每天都坚持晨跑（或者至少做到尽量多跑步），还会经常打高尔夫球。备战记忆竞赛时，我会逐渐增加跑步的强度。在这个过程中，大脑只需“坐享其成”，无须费力。

有证据表明，银杏树（古时被称为“记忆树”）的叶子可以通过促进血液循环达到改善记忆的作用。德国哲学家约翰·沃尔夫冈·冯·歌德直到老年都保持思维敏捷，据说他每天早上都会吃一些银杏叶。

有一些研究表明，低热量饮食（即使只维持了很短时间）会使记忆力产生衰退。食物中的热量给人体提供能量，而能量是驱动大脑以及其他器官的动力。如果大脑缺乏能量，那么记忆将会是最早受到影响的功能之一。

在诸如香蕉、红辣椒、菠菜和橙子等色彩丰富的水果和蔬菜中，富含具有抗氧化作用的维生素A、C和E。这些维生素对大脑健康（包括记忆功能）尤为有益，它们有助于清除人体内被称为“自由基”的化学物质，当机体产生过量自由基（通常是人处于高压或受到有害影响的情况）时会对大脑以及身体其他部位造成广泛的细胞损伤。

多吃富含脂肪的油性鱼也是很好的膳食选择。摄入这类食物对保持大脑健康非常重要，以至于它们经常被戏称为“大脑的食物”。油性鱼中含有丰富的叶酸和几种必需脂肪酸，这些脂肪酸对大脑和神经系统的发育以及正常运作都至关重要。试着把这些鱼加入你的菜单吧，最好一周能吃两次。你也可以选择吃白肉、乳制品和豆腐等富含蛋白质的食物，只是它们的效果不那么明显。

你的祈祷

应当是为了

寓于健康身体的

健全精神。

尤维纳利斯（古罗马诗人）

记忆和感官

把感官信息添加到喜欢的记忆方法中，能让记忆和回忆都变得更容易。假设现在我们需要想象一棵树。当我们在脑海中“唤起”那棵树的样子时，这个形象越真实就越容易被记住。最简单的一种做法是想象一棵树的二维图像；但如果我们能想象一棵茂密的橡树，微风吹过，树影婆娑，周遭满是初夏的气味——这幅景象能给人留下更深刻的印象。同时，它也将为我们提供更多与树相关的潜在关联。

一般来说，视觉、听觉和嗅觉最能勾起人的回忆。视觉是基本的信息分析感官，主要用于导航和检索。听觉则用于沟通和交流。它们在记忆词汇和数字这两种抽象信息中发挥了很大作用。嗅觉和味觉也能提供强大的记忆线索，或许是因为这些感官都曾与生存息息相关。嗅觉系统绕过丘脑，直接与大脑皮层中的神经元连接——这创造了一条直接通往记忆库的途径。这也解释了为什么气味可以马上把我们带回以往某个高度情绪化的场景，或者忽然让我们想起某个特定的人。试着去识别对你有特别意义的气味吧！把这看作是调动感官、让人充分敞开心扉的一部分练习。随后，你自然就会发现这些练习对记忆的积极影响。

练习七

记忆万花筒

当我们进行想象时，通常只调动了视觉信息。这个练习能帮助你认识其他感官的重要性，同时也帮助你发挥想象力，提升记忆练习的效果。

1. 闭上双眼，想象一个复杂但好辨认的东西，比如一匹赛马和一位骑师。在脑海中仔细地对这匹马和驾驭它的骑师展开想象。骑师穿着色彩鲜艳的上衣，马脸上有漂亮、骄傲的神情，骑师的眼睛笼罩在帽檐的阴影里。

2. 再想象与图像相关的触觉、听觉、嗅觉和味觉等方面的信息。关于触觉，你可能会想到骑师那件光滑缎面的上衣，赛马光亮的皮毛和粗糙的鬃毛；关于听觉，也许有疾驰的马蹄声和人群的欢呼声；关于嗅觉，也许其中混杂着马体味与汗水的气味；关于味觉，可能是比赛前骑师喂马的糖块（这时也可以想象马的舌头舔舐手上的糖）。

3. 以上只是随机列举的例子。现在你可以选择一些复杂又好认的图像，用同样的方式开始练习。如果一开始你没法为这个图像“凑齐”多种感官信息也没关系，慢慢地你会找到自己的办法把这些信息代入图像，即使有时不得不动用超现实的想象。

记忆和音乐

一些人喜欢在安静的环境中阅读或学习，另一些人则喜欢在做事情时听一些背景音乐。虽然我们对于听音乐（尤其是节奏强烈的摇滚乐）有不利于集中注意力的印象，但事实表明，在某些情况下音乐可以营造出令人专注的氛围。20 世纪 60 年代，保加利亚心理学家格奥尔基·洛扎诺夫（Georgi Lozanov）在一项实验中发现，学习时听舒缓的巴洛克音乐的人，相比于喜欢安静学习的人以及边学习边听其他类型音乐的人，学习效率有明显的提高。相关的后续研究也显示，理想的促进学习的音乐（以及促进回忆的音乐）通常每秒一拍，节奏舒缓、放松。

这里你可以做一个小的自我测试。试着记忆一串由 15 个数字组成的随机数列，同时你可以听亨德尔、巴赫或维瓦尔第的慢音乐作品。然后，换一组同类型的数列，试着在安静的环境中进行记忆。最后，比较两次记忆的成果。这个实验设计很粗糙（存在影响准确回忆的其他因素），但你可能会惊喜地发现音乐似乎能帮助你更好地记住信息。不过，节奏并不是唯一一个与记忆相关的音乐属性。有研究发现，高频的声音可以刺激脑电活动，让人提高警觉，营造一种适于存储信息的心理状态。相反，低频的声音可能会让人感觉迟钝，不在记忆的状态中。

办一场记忆音乐会

这个练习将帮助你选择辅助记忆的音乐。请注意其中与节奏、音高相关的要点。

浏览你收藏的音乐，播放一些让你觉得轻松自在的慢节奏乐曲。有一些曲子可能会勾起你在过去时光中的愉快感受。

用心挑选三首曲子作为核心曲目。在理想的情况下，它们应该能让你沉浸于曲调和乐器的演奏中。你也可以使用声乐，只要歌词不会令你分心。每一首作品的时长应该在 5 分钟以上。印度古典音乐非常舒缓，素歌或格列高利圣咏也同样如此。当然，最后选择的是你觉得合适的曲子。将选好的 3 首曲子依次录制到同一张磁带中。

你可以用一系列对比试验来测试这些曲子是否对记忆真的有用，比如随机数列、黄页中的街道名，或者随机打乱的扑克牌等都是很好的测试项目。比较每件作品与其他两件作品，或者与安静环境的相对记忆有效性。

心灵
最崇高的功能
是传递信息。

D.H. 劳伦斯（英国小说家）

回忆的艺术

我们在前文介绍了许多加强记忆所需注意的重要因素，这些因素构成了某些特定记忆方法的基础。我们还回顾了促进有效记忆的因素，尤其强调了保健方法和音乐的使用方法。现在，让我们将重点转移到记忆过程的最后一个阶段——回忆。

大脑拥有的信息量远比人在任何时间所能获取的信息来得多。然而，如果关于这些信息的记忆被锁在脑海深处的“犄角旮旯”里，它们就毫无用处。为了获得有效记忆，我们需要能自由地检索信息，尤其是那些有意识地存储在记忆库中的信息。而检索记忆的能力很大程度上取决于最初组织和存储记忆的方式。

如果储存记忆时不够认真，或者注意力不集中，又或者没有进行复习，很有可能这段记忆已经从脑海中“消失”了。如果某段记忆没有进行合理的归档，比如被一个无效联想所锚定，就会像文件放错了文件夹，之后很难再被找到了。掌握回忆的艺术能为记忆建立合理的联想，给我们指引并找到想检索的信息。

回忆是一个讲究策略的过程，检索心理信息的方式是合乎逻辑的，而非随机的。然而，当我们运用左脑对一系列事物进行逻辑分类时，右脑在潜意识层面（通常运用情感和感官联想）帮助我们顺利地完成回忆。比如，现在我们要试着回忆去年夏天游玩过的一个小镇的名称。首先可以试着回忆这个名称的拼写或发音，如果实在想不起来，可以尝试一些更合乎逻辑的方法来解决这个问题，那些认为可能会引导我们找到答案的“路径”。

我们可能会想起自己是什么时候去游玩的、和谁一起、怎么去的等等细节。但是，光有逻辑还不行。当我们在一条满是希望的“路径”上前行时，这个事件颇有“创意”的信息也会扑面而来，比如关于这个小镇的第一印象、街上柠檬树的气味以及蟋蟀的嘶鸣声等。不知怎么地，在这些有意识唤起的印象簇拥之下，一个名字突然从记忆深处跳了出来——这是我们再熟悉不过的体验了。我们甚至都不知道是哪个细节或哪些细节组合在一起触发了关于它的记忆。

用已有联想检索记忆也是类似的过程。在本章开头，我们创造了一个记忆霍勒斯·华盛顿的方法，即利用这个名字与诗人、城市的关联建立联想。当我们想起这个名字时，首先想到的可能是华盛顿特区，然后我们可能会在一瞬间想起它与古典的联系（罗马古典诗人霍勒斯），随之触发了关于这个名字的记忆。当我们意识到记忆是突然在意识之光中闪现，可能会问，为什么必须通过迂回、琐碎的联想才能找到记忆？这是因为霍勒斯·华盛顿这个名字对我们来说没有什么意义，它没有固有的联想，所以在没有任何帮助的情况下记住它的可能性很小。

但是，一旦我们围绕这个名字建立起联想，就会把它与记忆中根深蒂固的元素联系起来。当我们在脑海中搜寻答案时，它们将在一连串快速发生的心理事件中充当引路石，把我们带到只去过一次的地方。而我们将通过熟悉的方式到达陌生的领域。

回忆的另一个特点是可以通过片段获得整体。假设我们想记住欧美鳗的繁殖地名称，那么可以简单地记住有 4 个类似鳗鱼形状的字母“S”包含在这个地名中——马尾藻海（Sargasso Sea）。你会发现，只要想起地名中的字母“S”，组成这个地名的其余字母可能也会自动浮现在脑海中。

记忆可能会逃离意志的作用，
可能会长时间沉睡，
但当它们受到恰当的影响，
即使那影响轻如薄翼，
它们也会
在瞬间变得栩栩如生。

约翰·缪尔（美国博物学家、探险家）

学习或体验某件事时所处的环境是一个非常有用的记忆线索。心理学家将这种现象称为“情境依存性记忆”（context-dependent memory）。一项实验显示，与在地面上的潜水员相比，正在水下的潜水员能回忆起更多有关水下作业的学习材料内容。景象、声音或气味意外触发明显被遗忘的记忆，被称为“意外随机回忆”（surprise random recall）。这种意料之外的回忆说明，人们找到恰当的触发点时会重新找回许多记忆。

大多数人都有徒劳搜寻记忆的经历，用遍所有能想到的线索却在不抱任何期待的时候忽然想起了所要的信息，也许那是一位政治家的姓名或者一部电影的名字。遭遇回忆难题时，大脑需要整理出生以来所有的联想和记忆线索，有时注意力还会发生转移，这是为了让心理回路（mental circuitry）能有时间进行运转而非沉浸在挫败中，这可能是回忆信息所需的必要活动。

当你开始训练记忆时，谨记你正在塑造的是大脑长期以来处理任务的方式。不要指望自己能立即驯服这头野兽，掌握回忆的艺术需要耐心和信任，理解结果没法强求。

四

精进你的记忆

探索
记忆技巧

上一章我们回顾了一些记忆技巧背后的根本原则，重点介绍了想象、联想和定位。现在，让我们来了解这些高效的记忆方法吧！这些方法，有的虽然历史悠久，但依然能满足现代人的记忆需求；有的是我自己设计的，帮助我在各种记忆竞赛上取得可喜的成绩；还有的是当下流行的方法，主要基于常识。你可以把本章看作一个记忆工具箱，在其中挑选出好用、合适自己的“工具”。当然，有的方法你可以根据自己的习惯与目的对细节进行改良，就像艺术家购买颜料后会重新调色以达到喜欢的效果。我希望大家能在这一章里找到适合自己的方法，探索大脑无穷的潜在力量，并且收获成功和启示。

助记符

在英文中，“助记符”一词（mnemonic）源于希腊语“mnemon”，意为“记忆”，它与古希腊记忆女神摩涅莫绪涅有很大关联。助记符的用途是辅助记忆。严格来说，所有记忆方法都满足“助记”的要求，只不过通常这个词专门用来表示以文字符号为基础的记忆法，尤指缩略词或韵文。尽管如此，文字助记符并没有得到普遍认可。许多学者认为它们只是无聊的文字游戏，是用来应付只知重复却不理解事实者的琐碎小调。何况有的助记符确实比较隐晦，指示不明。在我看来，如果文字助记符可以帮助你及时记住并且成功回忆信息，那么使用这个技巧也没什么不妥。

缩略词是指由首字母组成的词语，在记忆法中缩略词能起到提示作用。例如，“HOMES”可以帮助你记忆北美洲五大湖的名称，他们分别是休伦湖（Lake Huron）、安大略湖（Lake Ontario）、密歇根湖（Lake Michigan）、伊利湖（Lake Erie）和苏必利尔湖（Lake Superior）。如果你想按照从大到小的面积排序记住五大湖，可以考虑用缩略词的扩展用法，比如“Sergeant Major Hates Eating Onions”（军士长讨厌吃洋葱）。至于这个方法的效果如何，首先取决于你是否能记住缩略词或扩展型缩略词组。不过，如果我们能不厌其烦地为此建立联想，就能帮助大脑用创造性的形式把原本平淡无奇的数据进行可视化想象。因此，当你未来再回忆五大湖时，可能会联想到湖景房，进而又想起那个缩略词“HOMES”；如果你需要记住五大湖的面积排序，或许想起乘快艇横渡湖泊的军士长抠嘴吐出三明治里洋葱的模样，会让你联想到那个有趣的助记符吧。

节奏也是一种辅助记忆的有效方式。这就是为什么很多文字助记符都会采用韵文。你怎么记忆每个月的天数呢？不少人会用这句朗朗上口的话——“Thirty days hath September / April, June and November”（30天的有9月/4月、6月、11月，注：September、November为韵脚）。还有一个例子，如何快速记忆英王亨利八世每任妻子的结局呢？一句特别有节奏感的韵文（纯属巧合）很好地总结了她们的命运——“Divorced, Beheaded, Died/ Divorced, Beheaded, Survived”（离婚、斩首、去世/离婚、斩首、幸存）。

数字中的语言

要想记住复杂方程的计算顺序，可以使用扩展型缩略词组“Bless My Dear Aunt Sally!”（祝福我亲爱的萨利阿姨！），其中每个词的首字母分别对应“Brackets”（括号）、“Multiply”（乘法）、“Divide”（除法）、“Add”（加法）和“Subtract”（减法）。

简易的文字助记符也能用来记住一串数字，下面让我们试着记住 π 的前 5 位小数（3.14159）吧！你可以像很多记忆选手那样使用另一种助记形式，用一句话中每个单词所含的字母数来对应所需记忆的数字串。我先来抛砖引玉，比如“I have a super technology”（我有一项超级技术），你会发现每个单词所含的字母数分别为 1、4、1、5、9，正好对应 π 的前 5 位小数。

视觉钉记忆法

为了避免遗忘刻意记忆，牢记那些我们花大力气有意识记忆的信息，我们需要找到把它们进行锚定的方法。一个比较可靠的方法是运用联想，同时辅以想象和定位。我们可以将信息与一个很容易在脑海里找到的“地标”不断产生心理关联。它的作用就像一个定位钉或邮箱，你很容易就能找到它。

不过，这也带来两个问题：我们如何笃定自己能记住这个地标呢？这个方法能用来记忆诸如名单、演讲观点等复杂信息吗？

从某种意义上说，这些问题都有相同的答案。如果在我们脑海里的不是一个孤零零的视觉钉而是由它们组成的一整套体系，视觉钉之间固有的关系就能让它们独立地“固定”在脑海中。举个例子，想象一下鸟、飞机和回旋镖。这3个事物都与空气有关联，自然也能帮助你记住它们。一个体系能为组成它的部分提供情境，而拥有情境后的各个组成部分就比较容易记住了。这就好像我们如果记住了4件事中的前3件，如果第4件事情与其他3件都有关联，那么记住它就变得容易多了。

理论上，视觉钉体系可以有任意个组成部分，但由于这个数量本身必须是好记的，因此把数量定为偶数是最合适的，比如你可以记 10 个（方便管理），也可以记 20 个。

练习九

十键记忆森林

1. 树	6. 鹿
2. 根	7. 蛇
3. 叶子	8. 啄木鸟
4. 花	9. 蝴蝶
5. 果子	10. 蚂蚁

记忆森林由 10 个按一定逻辑排列的森林元素组成，5 个动植物为一组，按大小顺序依次排列。去尝试跟着以下步骤来练习吧。

1. 将这些元素依次进行可视化想象，并尝试记忆它们。找到顺序背后的排列逻辑可以帮助你更好地记忆，每组都从体积最大的开始，直到最小的结束（从树到浆果，从鹿到蚂蚁）。其实，植物和动物也能组成 10 个一组的视觉钉，因为它们都可以通过森林进行关联。

2. 试着用这 10 个元素依次记忆《旧约》的前 10 本书，分别是《创世记》《出埃及记》《利未记》《民数记》《申命记》《约书亚记》《士师记》《路得记》《撒母耳记（上册）》《撒母耳记（下册）》。在这些元素中，树可能会让你想起族谱，表示家族的起源与发展；根生长在地下，（在视觉上）仿佛脱离了树；《利未记》（*Leviticus*）则可能会让你想到一片叶子在微风中“飘浮”（levitate）；等等。

故事记忆法

讲故事为人们提供了发挥想象的好机会。如果你试着去回忆，说不定就会想起许多小时候听过的故事，或许是因为它们往往极具戏剧性，引人入胜又充满悬念和趣味，所以你一听到就被深深吸引了。

在视觉钉体系中，这些钉子是预先确定好的；但在讲故事时，叙述只关涉我们想记忆的事物。使用这种方法时，你可以把需要记忆的事物整理成清单,为它们创作“量身定制”的故事。一个清单就可以讲一个故事。我们将向那些讲故事的好手学习，运用大量想象以及强调、夸张和复杂描写等修辞手法去讲好一个故事，让它尽可能给人留下深刻印象。

无论我们需要联想的是有内在关联的事物（如美国各州，或者英国历任国王和王后）还是完全无关的事物，其中的适用原则都是一样的——联想必须有足够大的吸引力。为了使它们尽可能有趣，你可以多使用超现实、动态和色彩元素。例如，清单中的第一二项是“背包”和“钻石”，那么你可以这样对它们展开联想——我在脏背包中寻找我的耀眼钻戒。别以为自己一定能记住某些物品就不使用修辞，如果能让事物变得更生动，你就能更精确地对它们进行可视化想象（包括想象它们发出的声音或气味），然后牢牢地记住它们。

如果你遇到很难进行可视化想象的事物，不妨尝试用音近词。你可以选取事物名称的第一个音节或关键音节（群），使之与一个包含相同音节的词建立起联系。例如，如果你想把弗吉尼亚州（Virginia）和华盛顿州（Washington）进行关联，就可以想象你的朋友弗吉尼亚（Virginia）正把头埋在肥皂泡里忙着洗（washing）碗。

以上是基于单词的例子，记忆图像同样可以使用这种方法，即给想要记住的事物赋予象征性的视觉形式。例如，按顺序记忆十二星座。首先，熟悉十二星座和它们对应的符号，这些符号比它们的名字（Aries- 白羊座、Taurus- 金牛座、Gemini- 双子座等）更加直观，也更容易记忆。然后，以公羊为开头创作一个故事。这个故事最好是完整的，有开头、发展和结尾，并且情节跌宕起伏，充满悬念。尽情发挥你的创造力。你也可以向想象中的观众大声讲述这个故事，注意节奏和语气能让这个过程变得生动有趣。

我们可以想象自己站在一望无际的田野中。忽然，远方出现了一只公羊（白羊），以极快的速度向我们冲来。就在我们反应过来要跑开时，不远处传来一阵雷鸣般的蹄声，原来公羊是为了躲避一群公牛（金牛）！只见公牛的鼻孔里冒着热气，有的愤怒地发出吼声，我们看到有一头牛的背上还坐了一对双胞胎（双子），他们正在大声求救……

试着用这种方法完成练习十（给一组没有关联的词建立联系）和练习十一（给一组有关联的词建立联系）吧！

练习十

创建记忆链

这个练习将帮助你建立有效的记忆链，充分用好故事记忆法。跟着以下步骤试一试吧。

1. 这是我们练习用的词汇表：

黄油 鳄鱼 电话 汽油 剪刀 裤子 雪 猫 钢琴 手提箱

创建一个记忆链，它能让你从黄油联想到鳄鱼。如果你发现用近音词更方便记住，那就大胆用这个方法，毕竟“一块脆弱的陶器（crockery）上有一块黄油”，可比“一条鳄鱼（crocodile）吃了黄油”更朗朗上口，便于记忆。

2. 创建第一个记忆链后，请为它设置合适的情境。如果你想把黄油和陶器联系起来，那么你想象的场景就可以是厨房。其他事物也可以设置在相同的场景中，因为相同的背景会让这些记忆链更好记。

3. 依次创建记忆链。如果你很难在情境中想到某个事物，那就看看是否有可以利用的细节。例如，“雪”可以用贴在厨房白板上的明信片展示，因为明信片背面印的是一幅雪山图；或者，打开冰箱冷冻室你可能会看到“雪”。

4. 完成所有记忆链的半小时后，试着用自己创建的记忆链回忆起所有词。按顺序把它们写下来，核对一下你记住了多少个。

练习十一

编一个故事

创作故事是一种个人行为，为了让故事难忘，它必须具备一系列能让你调动想象的生动事件。试着创作一个故事，帮助你记忆太阳系行星按距日远近排列的顺序吧！然后慢慢改进这个练习介绍的基本方法，用它们来记忆其他信息。

1.太阳系行星按距离太阳从近至远的顺序分别是：

水星 金星 地球 火星 木星 土星 天王星 海王星 冥王星

对这些行星进行可视化想象，每个行星都有一个与其有关联的事物形象，比如水星（Mercury）可能是一个温度计，金星（Venus）可能是女神（维纳斯）。

2. 为故事设置情境。这个故事发生在太空还是地球上？如果在地球上，会在哪里？对故事的开场展开想象，越详细越好——在什么地方？有人在场吗？天气怎么样？有什么声音吗？从这个情境为背景编故事——第一颗行星扮演了什么角色？

3. 让其余行星按顺序出现在你的故事中。故事可以尽可能编得天马行空，充满创意。例如，一颗行星用一个人物角色（比如金星）来表示，另一颗行星可以用来表示地点（比如地球），第三颗行星用动物（比如冥王星）来表示也不错……

4. 编完故事的一个小时后，试着回忆这个故事，看看自己能想起多少？以故事为线索，你能记起行星的顺序吗？有的联想是不是很牵强？如果是这样，请改进。

路径记忆法

路径记忆法结合了视觉钉记忆法与故事记忆法。这两种记忆法都用到了两个关键的记忆要素，即想象和联想，而路径记忆法则更进一步，还需使用定位。因此，我觉得路径记忆法是所有助记法中功能最强大的。

路径记忆法的基础是一条固定的、预先计划好的心理路线，在路线上有一定数量的地标可以作为视觉钉。根据前文的介绍，我们知道视觉钉为关联信息建立的联想时，总会遇到由于联想太隐晦而令人难以想到所需信息的情况；但是，路径记忆法中使用的联想就牢固多了，这是因为“心理路线”上不同的地标与实际的地理位置常有对应关系，所以你记忆的信息是“锚定”在早已熟记的真实地标上的。

我很喜欢打高尔夫球，经常听到一起打高尔夫球的人使用路径记忆法细致地介绍自己参加的高尔夫球比赛——虽然他们可能对自己使用的记忆方法一无所知。他们记得场上每一个球的情况：自己和对手用了什么球杆，打了多少杆，推了多少杆等。他们所记忆的是一系列高度复杂的数字信息。这么说来，每个高尔夫球手都算得上是记忆魔法师……为什么？因为他们都使用了路径记忆法。每个高尔夫球手的脑海里都有一幅高尔夫球场地图，其中有一条连接球场 18 个地标的心理路线，每个地点都与赛况相关的具体事实相关联。每当需要回忆赛况时，这些球手就跟随自己的脚步回忆自己"沿途"存储的信息。

你可能认为轻易地回想起这些信息不足为奇，也许确实如此。因为这个记忆过程是完全合乎逻辑的。无论是为了回忆一场高尔夫比赛还是为了回忆鸡蛋在杂货店里摆放的货架位置，人们会时不时地在生活中用到路径记忆法。而当有些信息属于"路径"的情境信息时，我们只需沿着这些心理路线前行就能找到需要的数据。我还发现，不相关的信息也能放在同一个路线（例如，高尔夫球场或杂货店）中进行记忆，同样只需通过在心理路线上来回检索就能找到它们。

真的，我所做的只是察觉人们自然而然会做的事情，然后开始有目的地让它们成为方法。

那么，我们该如何选择路线呢？其实，只要是你熟悉的地方、熟悉的路线就行，重要的是路上应该有特别的地标。静下心，花点时间想想你走过好几次的路线，它可以从家到工作单位，也可以从自己家到父母家，甚至还可以是童年记忆中的某条路，比如穿越树林的小路或者是小时候上学的路。也许，你也可以像我一样选择自己最喜欢的高尔夫球场来一场“脑中漫步”。

无论你选择哪一条路线，尽可能详细地将路上的地标进行可视化想象。如果你选择的是从家步行到商店的路，你可以想象自己站在家门口正准备离开。想象自己穿过门廊，沿着小路走到大门口，然后右转沿着马路向前。这一路你会经过什么建筑？仔细想象路上的每座建筑，尽可能不要遗漏细节。如果是建筑物，那是大楼吗？它有什么故事？或者，如果那是一家商店，它出售什么商品？谁是老板？或许是一家面包店，空气中弥漫着新鲜出炉的面包的香味。选取至少三个维度，对每个地标展开想象。当你再次路过它们时，你是否还认同自己对它们的印象？

你或许要问，不论什么建筑都可以作为固定的地标用来“锚定”想记住的信息吗？显然，这些建筑需要越醒目越好，你可以尽可能多地尝试将格外有特色的事物（比如战争纪念馆或破旧工厂）包括在内。地标的数量将决定你能在这条特别的路线中放置多少事物。因此，如果你选择的路线中有 24 个地标，那么你就可以在其中放置 24 个需要购买的商品、24 个演讲要点或者派对上 24 个人的姓名等信息。但刚开始练习的时候，不要一下子给自己太重的任务，从大约 10 个开始练习比较好。

为了将路径记忆法投入“实战”应用，我们可以对脑海中创建的联想、场景或画面进行可视化想象，在所选路线的沿途放置所需记忆的信息。如果你需要记忆一连串著名演员的名字，你会怎么放置这些姓名呢？例如，克林特·伊斯特伍德（Clint Eastwood），他可能穿着一身牛仔装倚在你家花园的大门上，他正在吹枪管冒出的烟雾。只要你尽可能地发挥自己的想象，这些信息就会尽可能地生动难忘。因此，这个场景也可以是这样的——你家花园的大门不再是简单地被电影花园明星用来摆个漂亮姿势，而是变成了一扇车门。你可以想象，克林特以经典的牛仔造型从这扇门后冲出来——那时，整个街道陷入一片寂静。当你完成全部场景的想象后，你会发现这条路以一种超现实的方法呈现在脑海中，表演夸张的演员们在路上再现着他们的经典镜头。比如，扮演“人猿泰山”的演员约翰尼·韦斯穆勒（Johnny Weissmuller），他可能是从教堂的尖顶上荡秋千，嘴里发出“泰山”标志性的号叫。

当然，用于记忆的路线并非只能是“专线”。我就在脑海中储存了不同的路线（就像一系列心理录像带），每一条都用来记忆某些特定类型的信息。比如，我的高尔夫球场一般用来记忆扑克牌顺序；记忆参会人员的名单时，我会用小时候走过的一条路；如果我要记的是购物清单，那么就会把商品放置在我的家里。事实上，这种记忆法是古罗马记忆术“记忆别墅”的延伸。与在脑海中绘制家园图景的古罗马人的想法如出一辙，我相信当将背景设置为自己熟悉的环境时，路径记忆法将达到最佳效果。

练习十二

去公园漫步

刚开始练习时，如果你很难回忆起放置在路线中的信息，那么这个练习将通过实际的"行走"来帮助你建立更牢固的信息联想。跟着以下步骤试一试吧。

1. 选择一段能步行走完的路，比如去最喜欢的公园散步。临行前，对路线进行可视化想象，确定沿途 10 个地标。这些地标可以是你喜欢的长凳、玫瑰花圃、儿童游乐园或池塘。

2. 拿出一张纸，把下列事物写下来：

车轮 爆炸 大猩猩 汽车 主教 铅笔 笼子 蓝色 电脑 香槟

拿着这份清单，出门走走。

3. 走到第一个地标时，停下来观察一会儿。大胆地展开想象，让这个地标与清单中的第一项事物产生关联。如此往复，直到所有地标与清单上的事物建立起一一对应的联想。

4. 回到家后，在脑海中把刚刚走过的路程"重走"一遍，想想哪些事物与哪些站点有关联？如果需要的话，你可以再看一眼之前列好的清单。

5. 第二天，重走一遍这条路线，这次不要带上清单。每走到一个地标，就在脑海中回忆自己把什么事物放置在这个位置。之后的日子，你只需在想象中"重演"散步的过程。你能记住清单上所有的内容吗？

练习十三

建造记忆屋

这个练习是相对简单的基础训练，可以帮助你练习如何用自己住的房子记忆 10 种食物。之后，你也可以改进这个方法，用它来记忆其他事物。跟着以下步骤试试看吧。

1. 对你住的房子进行可视化想象。想象自己走进大门，依次经过厨房、客厅、餐厅等，最后来到自己的房间。

2. 确定 10 个地标，比如门厅的镜子、厨房的水槽、床头柜等，你可以在那里放置自己想记忆的信息。按照自己真实的行走路线，依次对这些“地标”进行可视化想象。

3. 在脑海中进行“家中漫步”，把下列食物依次放置在设置好的“地标上”：奶酪、牛奶、橙子、冰激凌、麦片、香蕉、面包、西兰花、鱼、西红柿。突破局限，尽可能发挥想象力——想象奶酪像外套一样披在客厅的椅子上，牛奶从厨房水槽的水龙头里流出来，番茄被插上灯泡成为床头灯的底座，等等。

4. 一个小时后，在脑海中回想自己“走过”的路径。当你经过一个地标时，你能想起自己在那里放了什么食物吗？下次去超市买食物时，你就可以通过“家中漫步”回忆购物清单啦，不要有所遗漏！

多米尼克记忆体系

记忆数字的难点，通常在于脱离数学所属的抽象世界后很难表现实在的含义。为了克服这个难题，我开发了多米尼克记忆体系（即 DOMINIC，decipherment of mnemonically interpreted numbers into characters，意为“用助记法将数字转译为字符”），它使数字能与一个更有趣且令人难忘的世界产生联系。

多米尼克记忆体系的核心是想象，它开发了一种将数字转换为图像的方式（可作为后一节“数形系统”的补充或替代）。迄今为止，用这种方法关联数字与人数是最成功的，这是因为人物的视觉图像的灵活性、动态性更好，也能引导人做出反应，这是用多米尼克记忆体系辅助记忆的优势。

怎么使用这个记忆体系呢?

第一步，我认为有些数字与人物存在很自然的联想（至少对我而言）。例如，07让人联想到经典荧幕特工角色詹姆斯·邦德（他的特工编号是 007），10是演员达德利·摩尔

（Dudley Moore，曾饰演电影《10》的主角），39是“记忆人”（苏格兰作家约翰·巴肯的小说《三十九级台阶》中的角色）等。不过，没法与人物产生下意识关联的数字，就需要为之寻找联系数字与图像的心理基石，这个过程可以通过由10个字母和10个数字组成的对应关系表完成，让10个数字（整数0~9）与一些字母分别一一对应。比如 1，可以用 A表示，2用B 表示，3用C表示，依此类推。最好能结合逻辑关联与创意关联，比如数字0可能与字母O相关，纯粹是因为它们存在形状的相似性，而数字6可以与字母S相关（数字6对应的英语单词“six”其发音中有两个音与字母S的发音接近，都有“嘶”声）。

第二步，将10个数字进行两两组对，所得结果将与人名缩写产生对应关系。如果是个位数，可以把十位上的0补写出来，比如让1、2变成01、02，而00就代表零本身。这样，我们就得到了100个“两位数”（包括00）。于是，根据之前建立的数字与字母的对应原则，66对应SS（如Sylvester Stallone的缩写），12则对应AB（如Anne Boleyn的缩写）。这种对应关系并不唯一，你可以根据自己的喜好和习惯进行发挥。此外，并非每个人物都需要有完整的心理画面，重要的是将他们与自己的特色动作、道具或经典事件联系起来，比如史泰龙与机关枪、安妮·博林与斩首。把这种对应从00扩展到99，你就可以得到一个全新的词汇表。乍一看这似乎是一项庞大又艰巨的任务，你不妨给自己设定一些小目标，比如每周完成20个对应规则，然后你会惊讶地发现自己能迅速上手这种新“语言”。

第二步的关键是确保联想的显而易见。假设你现在需要记住一个社保卡号（例如 071237），为此想象一个情境，比如在当地的诊所。根据你对多米尼克记忆体系的理解，以两个数字为一组，把这串数字按从左到右的顺序进行分组，并与字母进行对应（然后再是角色 / 动作）。最后你就可以得到以下对应：

07 — 詹姆斯·邦德 / 赛车

12 — AB，安妮·博林（Anne Boleyn）/ 斩首

37 — CS，克劳蒂亚·雪佛（Claudia Schiffer）/ 走秀

你可以用“人—动作—人”的方式，把这些角色和动作组成一个小故事。因此，071237 就成功转换为一个生动的场景：在诊所里，詹姆斯·邦德（人）斩首（动作）克劳蒂亚·雪佛（人）。如果数字由奇数个数字组成（如 0712374），分组后会得到一个落单的数字。这时，你可以将多米尼克记忆体系和数形系统结合起来使用。

数形系统

现代世界充满了让我们的生活变得更便利的各种数字。例如，我们必须记住银行卡的密码、进入大楼的访问码等等，更不用说家人朋友和同事、客户的电话号码了。如果我们将备忘录或通讯录忘在家里，或者更糟的是把它们弄丢了，无疑会让人心情郁闷。是时候恢复我们唯一不会丢失的备忘录了：大脑。

如果你对数学没什么热情，那么数字记忆的难点或许在于你对数字没有什么想象的灵感。或许因为数字是静态的，不够生动和非私人化。表面上来看，数字只与大脑的逻辑部分有关。为了方便记忆数字，我们必须赋予它们足够的创意，让它们变得令人印象深刻。

数形系统是目前最流行的一种数字记忆法，它能把 0 ~ 9 之间的数字转换为与其书写符号的形状相关的特定事物。例如：

0 — 金戒指 / 足球　　　　1 — 蜡烛 / 铅笔

2 — 天鹅 / 蛇　　　　　　　3 — 唇形 / 手铐一副

4 — 游艇的风帆 / 旗帜　　　5 — 海马 / 鱼钩

6 — 象鼻 / 高尔夫球杆　　　7 — 回旋镖 / 跳水板

8 — 雪人 / 沙漏　　　　　　9 — 丝带上的气球

你可以试着为数字创建属于自己的独特联想，比如让数字与自己爱好相关的事物或与自己的生活产生关联。这种关联一旦确立，我们就可以用讲故事的方法来记忆数字。

举个例子。假设你的信用卡密码是4291，那么根据本节预设的数形联想，你可以想象“去银行只能乘船航行（4），途中看到一只天鹅（2），它的喙上衔着一根丝带，丝带的一端系了一个气球（9），另一端系了一支铅笔（1）”，你可以用这支笔签账单。

如果需要记忆较长的数字串，你可以尝试将数形系统与路径记忆法结合起来使用。假设你现在需要记忆一个由12个数组成的数字串，它的前三个数字分别是8、0、3，辅助记忆的路线选在高尔夫球场,那么我们就可以想象“在第一发球台（地标一）上有一个雪人（8），第一洞（地标二）的锡杯底部藏了一个闪闪发光的金戒指（0),一名高尔夫球手在下一个发球台（地标三）

戴着手铐（3）正试图挥杆”等等。

如何记住更多数字?

结合多米尼克记忆体系和数形系统，可以帮你记住成百上千的数字。

以三位数为例。首先我们要做的是将数字成对进行划分，于是三位数可以划分得到一个数对和一个数字，比如150 →15/0。在前文列举的多米尼克记忆体系中，15对应的是字母AE；在数形系统中，0 可以被记为足球。结合这两种方法，记住数字150，你只需想象“阿尔伯特 · 爱因斯坦（Albert Einstein）正在踢足球（0）”。如果你想记住朋友的门牌号是125号呢？同理，12对应字母AB，你会想到安妮 · 博林（Anne Boleyn）；在数形系统中，5对应了海马。于是，记忆数字125就转为记忆“安妮 · 博林（AB）站在你朋友家门口，她戴着夸张的海马（5）状耳环”。

思维导图

思维导图的发明者是托尼·布赞（Tony Buzan），他曾撰写或合著超过80本有关大脑和学习的畅销书，同时他也是世界脑力奥林匹克竞赛的联合创始人之一。思维导图可以看作储存在记忆中的信息的物理表征，正如路径记忆法展现了记忆的心理表征（mental representation）。思维导图是高效记录和储存数据的辅助工具，它们能将主题简化为关键点，提供记忆必需的基础知识概要。而你要准备的只是一张纸和一套彩色笔。

一幅完整的思维导图看起来很像在高处俯视一棵枝干只在一侧生长（而非向上生长）的大树。它的中央有一幅图像代表它的话题。线条（称为“分支”）从中央向外辐射延伸，每条分支都代表一个主题的内容。在理想状态下，每一条分支都用特定的颜色来绘制，每个主题都由一条相关的分支展开。表示信息片段的关键词，会以文字或图像的形式绘制在从中央延伸出去的分支上。用一种颜色绘制同一主题的内容，是为了方便快速分辨不同类别的信息。随着越来越具体的信息被补充完善，继续延伸开来的分叉就变得越来越小。

举个例子。假设我们现在要给这本书创建一个思维导图，首先拿出一张大纸从中央话题开始绘制。你可以在中央画一个思考的脑袋，然后标注“记忆”。注意，每个分支都只能用一个关键词或关键短语进行标记，比如“历史”或“脑科学”等；每条分支都要用特定的颜色来表示。分支可以按照不同的层级延伸出子分支，用适当的关键词对分支进行标记。比如“历史”分支中可以延伸出“口述历史”“古希腊记忆术”等子分支。你也可以在分支间的空白处画一些与关键词相关的图像作为提示辅助记忆。这个过程中如果你忽然产生一些相关的想法，可以在旁边记录下来，然后用一条线将其与相关分支连接。

通过思维导图，我们能够根据自己的想法和已获取的信息绘制不断完善的相关知识体系，这是思维导图法的优势所在。无论你绘制的思维导图有多复杂，总可以为新信息找到一席之地。以这种方式绘制得到的思维导图，能帮助你增进对这个话题的理解，并用直观的形式将这个不断发展的过程表现出来。

五

生活中的记忆实战

日常生活中的记忆技巧

想必大部分人都能切实地感受到拥有好的记忆力给日常生活带来的便利吧。准确地想起某张脸的主人、立即想起朋友的电话号码或地址、在极短的时间内记住信息、总是记得各种周年纪念日，而且永远不会走错路……相信我，对那些愿意尝试记忆新方法的人而言，这些都将成为他们触手可得的能力。本章将介绍完成以上日常小任务的方法、在纸牌游戏和国际象棋中获胜的技巧，以及进行脱稿演讲的方式。我们只需观察记忆在生活中的特定应用，就会惊讶地发现它能极大地增加做好一件事情为我们带来的乐趣。

匹配姓名和面孔

大多数人都能认出以前见过的脸，而困难的是记住这张脸所对应的人名。好记忆带来的一种最佳日常体验莫过于只需一个简短的介绍就能记住人脸匹配的人名——即使这是几年前的介绍。其中的关键就是将人脸、人名和地点相关联，形成一条联想链（chain of association）。当有人把某人介绍给你时，仔细观察那张脸。如果你需要给他画一幅漫画，你会夸大处理什么特征？

他的脸看起来是和气的还是阴沉的，是开心的还是抑郁的，是精神焕发的还是无精打采的，是自信的还是害羞的？当然，以貌取人在道义上非常不可取。然而，有研究表明，根据外貌对某个人进行人格假设，能帮助被试回忆人脸所对应的姓名。为了更好地记住人脸所对应的名字，让我们把道德问题暂时放在一边，把这仅作为辅助记忆的手段（但千万不要因此影响你对这个人的印象）。假设现在有人把一位叫瓦莱丽·奈廷格尔

（Valerie Nightingale）的女士介绍给你。她神采奕奕，有小巧的鼻子和柔和的嗓音。你或许可以想象一只漂亮的夜莺闯进山谷，快乐地鸣唱。山谷（valley）触发了瓦莱丽（Valerie）的名字，而夜莺（nightingale）是一种以“鸣叫”动听而闻名的鸟，鸟鸣能触发对这个姓氏的记忆，她尖尖的鼻子也能强化关于鸟类的联想。对这些信息进行浓缩，得到以下画面：鸟儿在她的头发上筑巢。当你试图回忆她的名字时，她的脸会提示你头发中有小鸟，从而触发完整的联想链。

练习十四

名字里有什么?

这个练习将训练在脑海中生成图像和建立联想的能力，帮助你记忆名字和面孔。为了模拟第一次会面的场景，请邀请一位朋友与你一起练习。

1. 准备一些杂志和报纸，每人从中找出 10 张陌生的面孔，把这些图片剪下来。如果杂志或报纸中没有相应的人物介绍，就为他们编一个适当的名字，把名字写在对应的图片背面。

2. 与朋友交换各自准备好的图片。当你拿到对方准备的图片后，先不要查看姓名，把图片平摊开来，仔细观察每张图片上的人脸，形成你对他们的初步印象。这个人可能是什么职业的？他可能来自哪里？他看起来怎么样？快乐的、严肃的、年老的、焦虑的、调皮的……？

3. 发挥想象力，建立人脸与名字的联想。控制建立联想的时间，不超过 1 分钟 / 张脸。

4. 完成联想后将图片放在一边，等待 15 分钟或者更久的时间。和朋友互相展示这些照片，看看你们记对了多少。

记忆特别的日期

想象一下，如果你能记住每个亲朋好友的生日和各种纪念日，并且随着日期临近能及时想起它们；或者，你还能记住各种工作会议的时间以及各项工作的截止期限。让我们继续想象，自己无须依靠便条、日记或助理就可以做到这一点。如此，我们在交际时就能立即回应别人提出的会面邀约；你总能让伴侣感受到自己的特别，因为你无须提醒就能记起最重要的纪念日；在工作中，对日程熟记于心让你给客户和雇主留下了深刻印象。你可以用路径记忆法构建一个心理月度计划来辅助记忆重要的日期。其中的基本方法是将每个月的关键事件依次安排到有 31 个地标的心理路线中（见练习十五），一个地标对应一个月中的一天。当然，有时某些日子需要记忆的信息不止一条，可能是某个下午要开两场会议，也可能是两个朋友在同一天过生日。遇到这些情况，你需要积极展开想象。你可以想象有一个议程非常复杂的会议，假设其中一个议题是关于货币，另一个是关于质量监控，那么你可能会想到一张破损的纸币。又或者，你可以想象有两个朋友出席同一个活动，这两个人会擦出什么火花？与其他精细复杂的记忆体系一样，只有经过不断地测试和调整成为自己信任的工作法，它们才是最有效的。

练习十五

使用心理日记

这个练习将帮助你创建每月心理计划。

1. 选择一个有 31 个地标的路线，一个地标代表月份中的一天（不必在意有些月份的天数少于地标数）。试着在路程的高点启程，比如山顶，因为在那里你可以轻松地查看整条路线。

2. 强化月份的中点（15 日）位置，赋予它某些特别或互动性强的特征，比如有需要攀爬的梯子或者是必须穿越的小溪。这可以作为一种参照，方便你定位“当前”位置。

3. 用一个符号表示一件事，比如周年纪念日可以是你的伴侣把一个超大的婚戒当“呼啦圈”。把每个符号放在路线中相应的地标。试着让符号和地标产生相互影响。如果你与上司约定的会面时间是 4 日，那么你可以想象第四个地标是一座钟楼，上司正在一根钟绳上晃来晃去。月底，“清理”站点上的信息，把下个月预约的事项加到路线中。

找到正确的词

“牛津世界阅读计划”（Oxford Reading Programme）的网络读者每个月都会收集大约18000个英语中出现的新单词和习语。尽管现有的英语词汇在不断地添加新词汇，但你是否会好奇为什么我们仍会遇到词不达意的情况？

有许多技巧能帮助人想起某个具体单词，其中最简单的一种方法是根据字母表顺序依次开始回忆，直到你想起那个单词的首字母。一旦你认为自己找到了首字母，把这个字母大声念出来，看看自己会不会自然地说出整个词。如果这招没用，碰巧这个单词以辅音开头，那么试着在这个辅音后面接不同的元音组成音节，看看能不能用开头的音节帮助你回忆完整的单词。相反，如果它以元音开头，那么显然后接辅音进行回忆的方法就显得太费力了。

回忆单词的另一种方法是大声把你想表达的意思用句子说出来。当你开始说这些句子时，与这个词相关的、暂时隐藏起来的信息会重新出现。

如果你了解一点词源，即历史上形成词的语义单位，对记忆也有帮助。不过，自己创造的“词源”同样有效。通常，一个词的关键音节能让人联想到这个词的语义。例如，“amortize”（意为分期偿还）这个词,我们可能会认为“mort”（法语词“死亡”）是一种“谋杀”或“费用的消除”。

玩一盘填字游戏“天堂”

玩填字游戏时，如果想不出最后几条线索，那么这种游戏恐怕就是一种令人沮丧的消遣。试着不参考任何词典，用下列方法填字通关吧！

1. 如果你已经填了一些字母，在一张空白的纸上把整个游戏抄写下来，给缺字的地方留出空间（但不要用横线提示空格的存在）。现在让我们来看那些不完整的词。不要盯着它们看，柔化焦点，想象自己透过字看到纸的另一面。然后，想想线索，视线重新聚焦，当视线再次变清晰时，把空缺的字母填上。你认出这个词了吗？

2. 有时你也可以用放置体系（system of placement）提示自己。让我们想想线索。你与别人提起过这个话题吗？假设线索是“接力赛中传递的棍子”，回忆一下比如与奥运会相关的对话。当时你在与谁交谈？在哪里？围绕这个主题继续思考，你会想起需要的词［在这个例子中答案是“baton”（接力棒）］。

3. 有时，难以捉摸的答案可能暗示你把它归到错误的音节类型中。例如，字母 s 和 y 的中间可以是辅音（如“sly”），而不一定是元音（如“say”）。多试几种音节类型，看看是否能找到符合要求的词。

记忆演讲稿

即使是最优秀的人也会害怕演讲。不论是演员、喜剧演员、律师、牧师、政治家，还是其他经常需要发表公共演讲的人，都承认在“表演”之前会变得紧张。但是，如果我们对记忆力很有自信，把演讲词的语言组织得很好，并且设计了相应的“提词”规则，那么演讲恐惧或许就将成为过去。

如果使用得当，路径记忆法可能是有效记忆演讲词的最佳方法之一。首先，使用路径记忆法需要预先设定“第一个想法”（即路径的起点，帮助你消除回忆第一句话的紧张感）。不过，更重要的是“起点”创建了一个有逻辑的视觉体系，通过这个体系我们能够锚定所有想说的重要观点。如果你不习惯做演讲，可以花一些时间组织讲稿，确保行文流畅、合乎逻辑并且富有想象力，那样你就更容易记住它。你可以使用思维导图帮助你完成讲稿大纲。针对每个观点写一段文字展开，尽量确保每个观点都遵循清晰的逻辑。你也可以邀请朋友审读并提出修改意见。完成讲稿后通读两遍，这样你就完全熟悉演讲内容了。然后，选择一条合适的心理路线帮助你搭建演讲的框架，比如与演讲主题相关的路线就很不错（比如你作为朋友的伴郎发表祝酒词，可以选择从你家出发到他家的路线，也可以是你们曾经一起徒步的路线）。在脑海里多“走”几遍这条路（最好是你已经用过的心理路线），把演讲词的主要观点依次放置在站点上。

现在，回顾一下写稿之前制作的思维导图。把每个观点进行“可视化”，为它们想象极具创意的图像。如果你的伴郎祝酒词首先要分享的是新娘和新郎在一场垂钓中相遇，那么可以想象两条穿着结婚礼服的鱼在跳舞。尽可能大胆地调动感官信息。它们有什么气味吗？跳舞时鱼鳍拍打会发出怎样的声响？当你试着把演讲中的每个观点进行可视化时，想象自己正走在既定的那条路线上，经过既定的地标时依次放置自己想象的信息。试着和放置在那里的图像进行互动。假设第一个地标是你家的前廊，那么你或许得推开跳舞的“鱼”才能出门。在奔赴下一个地标的路上，想象自己逐一说出祝酒词。

像这样至少自己练习 5 次，分别在完成路线后的一小时、一天，然后定期复习，直到重要的那天来临。根据 5 遍复习记忆原则（信息重复 5 次能产生永久记忆），你现在应该已经牢牢记住演讲词了，同时还记住了能支持你自信做完演讲的“提词”规则。可是如果当你起身准备说话时，仍然觉得紧张该怎么办？先做深呼吸，闭上眼睛，想象自己站在那条熟悉的心理路线的起点准备出发。在脑海中迈出第一步时，在现实中睁开眼睛，开始说第一句讲词。剩下的只是水到渠成。

在游戏中记忆

国际象棋的棋盘格，按照惯例都可以用一个数字和一个字母来表示。其中，数字（1～8）表示从白方到黑方排列展开的横格，字母（a～h）表示从左到右排列展开的纵格。

白方从一二排开始比赛，黑方则从七八排开始（除了士兵以外的所有棋子都有专属的字母表示，皇后用“Q”，国王用“K”，骑士用“N”，战车用“R”，主教用“B”）。前文我们介绍了能够将字母转换为数字的多米尼克记忆体系（如1—A，2—B，依此类推）。因为棋盘上的方格都可以用数字和字母来表示，所以这些方格很容易用首字母缩写的组合（进一步能转换为人物角色）来表示。假设白方的第一步棋是骑士到c3格（记为Nc3），在多米尼克记忆体系中，c3对应CC［如查理·卓别林（Charlie Chaplin）］，那么就是“骑士移动到查理·卓别林”。但这好记吗？目前看并不。

棋子同样需要被赋予角色，你可以为它们匹配符合气质的人物。皇后，可以对应伊丽莎白二世；骑士，可以对应亚瑟王的一位圆桌骑士兰斯洛特爵士（Sir Lancelot）；等等。每类棋子只需对应一个角色（你需要设置一个记忆规则，帮助你回忆是哪个骑士移动到了哪一个方格；战车同理）。士兵不需要匹配角色，因为士兵只能走一格。于是，前文例子中的 Nc3 就可以转化为“兰斯洛特（N）移动到查理·卓别林（c3）”。为了记住每一步棋，我们需要用心理路线记忆棋谱，在地标存放每一步的走法。所以，如果白方的开局走法是 Nc3，首先要将两个角色融合在一个图像中，比如兰斯洛特使用查理·卓别林的动作或道具，那就想象兰斯洛特正用卓别林的手杖格斗。接着，把这张特别的图片放在脑海中的第一个站点。黑方的回应如果是 Nf6，那就可以想象在第二个地标兰斯洛特像歌手弗兰克·辛纳特拉（Frank Sinatra，在多米尼克记忆体系中 6 对应字母“S”）一样唱歌。有 12 个站点就能记下一个开局，有 60 个站点就能记下一整场比赛了！

记忆在游戏中最大的用途莫过于记忆扑克牌。下一个练习将介绍 21 点扑克牌（黑杰克）的记忆实操技巧。不过，我也要友情提醒一下正在赌场的朋友——没有什么记忆方法是万无一失的！

扭转局面

关于扑克牌计数的技巧足够另外写一本书了，在这里我主要分享技术概要。在21点扑克牌中，庄家的牌盒里剩余的大牌越集中，抽到的扑克牌的点数就越大。为了记住发过哪些牌，我给不同的扑克牌标记了数值。

2～6点的牌记为1

7～9点牌记为0

王牌（Ace）和宫廷牌（K/Q/J）记为-1

我一直在计算已出扑克牌的累计数值。由于发牌前都必须下注，如果计算得到的数值大于1，我就知道牌盒里还有大牌，所以下次下注我会加码；反之亦然。这个技巧适用于单副牌，但赌场的牌盒中常同时放4～8副牌，因此只有将累计数值除以剩余扑克牌的近似整副数才能得到相对“真实”的可参考值。

记忆一副随机打乱的扑克牌顺序是锻炼记忆力的好方法。快速扑克牌（Speed Cards，即在有限时间内记住一副牌的排序）是我最喜欢的记忆锦标赛预赛项目。以下是我使用过的扑克牌记忆技巧。

首先，我们在使用路径记忆法时务必遵循记忆的三大关键要素，即想象、联想和定位。一条有 52 个站点的路线将成为一盘心理录像带，为你记录一副牌的随机顺序。需注意的是，这条路线你一定已经熟记于心。选牌前，请在脑海中仔细回想你选的路线，确定沿路 52 个地标。一遍遍在脑海中回顾这个路线，直到你完全想起有关这条路的所有信息。

然后，选择一副纸牌。如果你能记住随机打乱的扑克牌顺序，这意味着每张卡片都有永久的专属视觉代码。试着把每张卡片的信息转化为一个人，因为人可以在路线的各个地标间相互交流，更令人难忘。选出宫廷牌，细细查看上面的脸，想象他们都是你认识的人，也许红桃 J 在某个角度看起来很像你的侄子。如果宫廷牌没法和你生活中认识的人产生关联，那就想象他们是某些有名的人物吧。

最后，将扑克牌信息一一转化为人物。这一步非常难，不过一旦你掌握使用这些特别的代码，记忆牌组就会变得简单或者至少容易上手。先为每种花色选择合适的代表字母，比如 H 代表红桃，C 代表梅花，D 代表方块，S 代表黑桃；再用多米尼克系统为数字 1 ~ 10 分别匹配一个字母。用字母分别表示花色和数字，于是每张牌就有一个由两个字母组成的代码，比如方块 5 对应 ED、梅花 2 对应 BC 等。把这些代码看作人物姓名的首字母缩写，熟人或者名人都可以。比如，ED 可能是一个朋友的名字缩写，而 BC 可能指比尔·克林顿。

记忆随机扑克牌

使用之前介绍的多米尼克记忆体系，挑战记忆一副随机打乱的牌吧！

回顾事先选好的有 52 个地标的路线，检查自己是否已经将它牢记于心。快速浏览一副扑克牌，此时不要试图去记住牌的顺序，这只是为了帮助你确认是否能想起与扑克牌关联的人物。

洗牌。深呼吸，集中注意力，抽第一张牌。想象这张牌对应的人物站在第一个地标，给他们设置一些动作或道具，比如比尔克·林顿，也许他正在挥舞美国国旗。

继续慢慢抽牌，正面朝上摞起来放好，依次把每张牌代表的人物放在你选的路线上。不要急，这一步你可以慢慢来。当你抽完所有的牌，试着在脑海中把这条路线再走一遍，依次写下你记住的人物，然后用代码将人物还原为扑克牌信息。把这份破译结果与实际的扑克牌顺序进行对照，看看你记对了多少。刚开始出错是在所难免的，请不要因此沮丧，毕竟熟能生巧。下一次练习时，你可以给自己计时。

学习和记忆

少有学校专门开设如何学习的课程，尽管这能让学生和老师都过得轻松一些。这也是我在书中强调一些有效促进学习的记忆技巧的原因。记忆的基本原则可以应用在各种教学和学习中，且其效果几乎不受年龄因素的干扰。一旦你发现自己可以使用记忆链（见练习十）、路径记忆法或其他有趣的方法来记忆10个或20个不相关的单词，相信你很快就会知道如何在学习时用上这些好方法。

假设现在我们要记忆美国各州的首府，你会如何使用想象和联想构建记忆链呢？比如得克萨斯州的首府是奥斯汀（Austin）。你可以想象一个朴素（austere，与 Austin 共有音节“aus”）的得克萨斯人站在面前，他的头上戴着一顶夸张的“石油大亨”帽，帽檐非常宽。他能帮助你记住得克萨斯州，因为你知道这里以石油制品闻名。

类似地，语言助记符也能用来帮你记忆任何事实和数字，包括历史事件发生的日期［如韵文“In fourteen hundred and ninety-two, Columbus sailed the ocean blue”（1492年，哥伦布在蔚蓝大海航行）提示了哥伦布登陆新大陆的时间，其中“two”与“blue”押韵］，甚至是生物、化学这样的理科科目知识。试着用数形系统记忆化学元素表或元素的原子序数吧。例如，碳的原子序数是6，所以我们可以想象一头大象卷着鼻子（数字6对应大象）在火上点燃煤块（煤块的主要成分是碳），或者也可以想象大象用鼻子卷起一条碳棒写化学作业。这些技巧还能帮助你超越语言障碍，在学习一门新语言时快速记住外语词汇。例如，邮票（stamp）在意大利语中称为“francobollo”，于是我们可以就此编一个小故事，想象我们突然被一头名叫弗兰克（Frank）的公牛（bull）踩（stamp，这是个多义词，与邮票“stamp”同音）在脚下，这是多么令人惊恐的画面！

阅读和记忆

书籍、期刊、报告等资源学习的优势是我们可以自己掌握学习节奏。我们可以决定需要记忆多少信息，以及需要花费多少时间，同时也可以选择忽视无用的信息。但阅读存在的缺点是我们没法得到诸如动作、对话和视觉刺激等来自人物的生动演示。因而，从阅读中学习并不是一件容易的事情，因为我们唯一接收到的信息来自文字本身。

这时，有内在兴趣就显得格外重要，我想不少人可能会对自己公司的年度股东大会的财务分析表感兴趣。那么，我们如何确保自己能记住从阅读中汲取的信息呢？

由于阅读通常缺乏文字以外的其他视觉刺激（不可否认的是偶尔会出现插图），开展想象是创造影响的重要途径。另外在阅读前，请务必做好阅读规划。

首先，你需要评估阅读材料，这是为了避免阅读无价值的数据或意见而造成时间的浪费。在阅读的过程中，必须从头到尾通读的执念只会增加你的阅读负担，这也可能说明你更注重翻页而非页面的内容。试着主动阅读吧，放弃被动阅读，试着去质疑和思考每个观点背后的逻辑。主动阅读将大大增强你对文本的理解，并进一步增强记忆力。最后，你也可以通过绘制思维导图或将关键信息（包括术语和主题等）列成大纲等方式整理重要观点，方便后续查阅和回顾。

练习十八

评估、吸收和牢记

如果你想记住从阅读中获取的信息，尤其是不那么有兴趣的主题，需要为此设定整体阅读策略。跟着以下步骤试一试吧。

1. 列 3～5 个问题，你将在阅读中找到它们的答案，这也是你的阅读目标。假设你打算了解美国独立战争，那么你可能会问：美国独立战争是什么时候爆发的？导火索是什么？有谁参战？战争是如何结束的？

2. 查看图书或期刊的目录，这可以帮助你定位核心信息所在的章节。然后，翻到索引部分，把能解答疑惑的主题或关键词所在的页码记录下来。阅读时，你只需要重点参考这几页的内容。

3. 每个段落通常都有一句概括中心论点的“主题句”。请重点关注这些句子，当然也不要遗漏重要的名称、术语、日期和公式。理清书中论证的逻辑。如果你需要根据这个主题进行一场辩论，你能清晰地表达作者的思考逻辑吗？

4. 绘制思维导图。从中心图像开始向外延伸，为每个相关主题绘制相应的分支，然后为主题句绘制分支。这样，你就有了一张能帮助你快速掌握重点信息的图表。

快速阅读

快速阅读不仅指快速浏览内容，也包括快速记忆信息，因而也可以说这是某种“速记”。有人认为,关注语言和语义的“慢读”，会使人产生不必要的分心。此外，“慢读”中的停顿也会分散注意、打断思绪。段落可以分解为一句句形式复杂、逻辑相关的句子，但我们在阅读时恰要忽略这一点，把注意力持续聚焦在关键内容的内在含义上。把握快速阅读的节奏有助于集中注意力并加深对内容的理解。

把平均阅读速度从200字/分钟提高至600字/分钟对大多数人而言不是难事。首先，确保阅读是连贯的，其间尽量不要发生任何中断。你可以用笔或其他工具辅助，训练视线以稳定的速度沿着文字方向移动，然后快速移动到下一行。有一个小方法能帮助你确认眼睛的“看法”是否真的符合此处的要求。伸出一根手指指向前方，用手指引导视线在房间内“穿行”。现在尝试在不用手指引导的情况下扫视房间，你会马上注意到眼睛有很多不连续的动作。

不难发现，刚开始练习时，使用辅助工具能帮助你养成习惯。阅读时，你可以把笔尖放在第一行文本的下方，然后向右平移，这样你的视线就能在笔尖的辅助下沿着文本移动。尽量保证阅读是平稳的、匀速的，习惯后可以逐渐增加笔尖移动的速度。

练习十九

阅读理解

做阅读理解可以测试快速阅读的效果，你会发现在这个过程中自己确实全神贯注于文本。

1. 确定现有的阅读速度。翻到“左脑，右脑”这一节，用正常速度阅读并计时。将所得时间除以每页的字数（约 950 字），得到你真实的阅读速度（四舍五入到整分钟）。

2. 请回答下列问题：连接左右脑的组织叫什么？哪一侧大脑参与并行处理？演奏乐器的记忆存储在哪里？

3. 确定速读速度。用速读法阅读“遗忘的理论”并计时，这一节包含约 900 个字，用相同的计算方法得到新的阅读速度值。

4. 请回答下列问题：什么是前摄抑制？为什么倒摄抑制更持久？什么是“痕迹衰退”？需要说明的是，阅读速度并不会太影响对文本的理解，如果速读的表现不佳，请继续练习。你也可以请朋友向你针对其他段落提问。

速效检索

“舌尖现象”（tip-of-the-tongue phenomenon）想必大家并不陌生。有时我们确信自己知道什么，可能是一个名字、一个地方、一则引用、一个事件——但就是“话到嘴边”找不到确切的词。而当我们想起它时，它好像忽然从哪儿蹦进了脑海，只是通常此时已经是几分钟或几小时之后。如果有方法能推动这种现象，让记忆巧妙地浮现，那么我们就能尽量避免挫败感。

有不少方法能挖掘出潜藏在深处的记忆，尽管没有一种是百分百奏效的。回忆的部分秘诀是避免过分用力，因为太努力反而会弄巧成拙，不妨把记忆看作一种害羞的生物，它很容易被精致的陷阱吓跑。与其强迫自己回忆，不如用谋略吸引它靠近。正如想要鼓励胆小的猫来找你，你要学会有意无视它。请用同样的方法看待记忆，试着分散注意力吧！去做一些别的事情。

当然，你也可以试着用“记忆模板”，这是一种有根据的猜测，通过模糊回忆来寻找遗忘的信息。当你要回忆一个名字，能碰巧想起来的概率是很大的，但如果你尝试用模板去回忆，在某种程度上你找到的就是“正确答案”。如果是这样，你有预感它有几个音节吗？它是什么首字母开头的？它在什么语境中使用？如果你确实能对应上一部分内容，让它在脑海中停留一会儿，看这种关联是否足够强大到让你想起正确的词。

练习二十

清理记忆的海床

有许多方法能让你拥有“顽固”记忆，但这个练习的重点是清除头脑中的杂乱信息，让看似难以捉摸的“猎物”自动浮出水面。跟着以下步骤试一试吧。

1. 找一个安静的地方，可以是花园或卧室。让自己待在舒服的环境里，慢慢呼吸，保持放松的状态。

2. 试着把你寻找的信息作为一个目的地，而非一个问题。请避免让自己过分专注于回忆，相信答案会自己找上门。

3. 闭上眼睛，想象思绪从深处浮起，然后一一飘走。看着它们在脑海中渐渐消失，此刻它们与你无关，你可以之后再去寻找它们。

4. 现在你的脑海中已经没有杂乱信息了，这为找到你需要的记忆创造了条件。不要强行把它带入你的意识，静静待在自己的地方保持放松就好。运气好的话，马上就能找到你需要的信息。

六

让记忆在最佳状态

用记忆获得成就感

增强记忆力可以让生活的许多方面变得精彩。即使只是记得电话号码或生日这些小事，拥有好记忆带来的便利和满足感足以让人变得自信。如果你想要获得更高效的记忆，就需要磨炼专注力、多关注真正重要的事情。然后，你会发现自己在工作或学习中变得更有效率，在个人生活中也变得更有条理、更快乐了。通过记忆训练，我们甚至还能找回过去遗忘的细小信息，让记忆帮助我们理解过去的生活、所处的环境，以及更了解自己。

本章介绍的内容与上述几方面都有关联，最后附有一篇后记，分享了我有幸参与的一项研究，并据此展望了未来的记忆训练。

生活在细节中

诸如路径记忆法这类复杂的方法，不但训练了记忆力，也训练了专注力。假设我正与其他竞争者共同坐在一个大厅里，尝试记忆 20 副随机打乱的扑克牌（即 1040 条数据），这时的我不会有多余的时间去思考自己是否能发信息给别人。记忆的当刻必须全神贯注，否则就是浪费精力。

其实，日常生活中随处可见专注力训练，它们加深了我们对周围世界的认识，拓宽了我们的体验。假设你要独自一人去乡下远足，可能你专注于思考自己的问题，一路上都沉浸在自己的世界里；或者你可能会在自己的想法和从四面八方涌来的感觉之间摇摆；或者你也可能对自己感受到的信息非常警惕，坚定地立足于当下——因此你听到了啄木鸟的啄木声，或者关注到了一朵路边盛开的小雏兰，这有一点儿像一位敬业的博物学家在徒步旅行时并不会考虑各种琐事。而我想说，关注外部世界确实能带来一些收获，比如能带来感官的享受，将自己的问题放到更广阔的视野中。关注生活细节还有利于维护良好的人际关系。当我们与伴侣、家人和朋友交流时，有时可能就处在一个多方参与、持续沟通但信息堵塞的情况里，因而错过任何一条宝贵信息都会让我们处于弱势。而在面对点头之交时，只需记住他们的名字就已经能让人愉快。在此，不妨试着回想三个月前朋友与你聊天时说了什么，你还能想起多少，面对可能的遗忘又能表现得多大度?

留心伴侣的状态变化和生活细节能更好地维护双方关系，这就像忽略和不用心往往是情侣第一次吵架的主题一样。如果能集中精力、用认真的态度去解决问题，恐怕即使是做家务也不会那么折磨人。记忆训练能让我们更加珍惜每一刻的价值。禅修非常推崇“正念”，这是一种将思维集中在单一对象或任务上的冥想练习。通过练习正念，我们能发现并欣赏物体或任务本身，于是我们就能看到一颗米粒的美丽，能认识到清扫整理等世俗行为的价值。当我们能以正念的方法集中注意力时，自然而然会得到放松——因为正念使我们摆脱了思绪的混乱。

为记忆减压

遍观人的一生，我们始终都被敦促着活在当下或者为未来做打算。但是，如此就将我们与过去隔绝开来，像是封闭了我们内心深处的一个秘密花园。如果我们不承认记忆对自己的重要性和积极性，那么我们的生活就是不完整的。因为记忆帮助我们了解我们的由来，我们成为什么人，以及一路走来的历程。

提高记忆力能提高各类生活的满意度，首当其冲的当属社交和职场，而记忆所给予的文化和精神满足，将随着阅历的丰富而变得深刻。当眼前的问题或对未来的担忧让我们倍感压力时，积极的回忆可以帮助我们改善情绪，客观看待当下的担忧。既然过去已不可追究，我们不如利用过去的记忆振奋精神。

让我们唤醒感官，回想起以前快乐的时光吧，这是一种能让人巧妙想起过去的好方法。你可以与伴侣或朋友尝试来一场感官的“记忆按摩”。当周围环境鼓励人重拾遗忘的时光或记忆模糊的场景时，按摩能带给人耳目一新的感觉。你可以在享受按摩时让自己“沉浸”在愉快的回忆中，也可以倾听来自伴侣对记忆的分享。

选择一个温暖、舒适、光线柔和的房间，避免自己在其中受到刺激或打扰。记忆按摩最舒缓的方式是轻抚，这是一种力道稳定而轻柔的按摩手法，适用于背部等大面积区域，也适用于包括面部在内的娇嫩皮肤。当你的伴侣或朋友为你按摩时，或许会有一些愉快的记忆涌入脑海。跟随手法的节奏，坦诚地聊聊你想到的事情，让手法带来的感官刺激不断释放和翻涌记忆，让记忆如潮水中漂亮的浮木般冲向此刻的岸边。

瓶中记忆

气味常能有效触发人们的记忆。香薰蜡烛或精油不仅有营造或增强轻松氛围的功能，还可以用来唤醒生动的记忆。你可以尝试滴几滴精油在皮肤上（用两小勺基础油稀释，如杏仁油），也可以滴几滴在香薰炉中扩散。迷迭香精油以抗遗忘的功效而闻名（孕妇慎用）；罗勒精油和柠檬精油一般被认为能促进记忆（参加比赛时，我总会随身带一瓶柠檬精油。柠檬的香气能帮助我舒缓情绪，调整到最佳记忆状态）。

檀香精油能促进思考并开启创造性思维，但按照印度瑜伽士的说法，它也有催情的效果，可能诱发情色相关的记忆。

解决生活需要

有人认为，拥有出色记忆并非全是好事。如果有人能记住所有的事情，那么他的压力会随之加剧吗？一个人如果在高压环境中工作，接受来自各方面的要求，我们不难想象他想记住的东西只会越来越少。所以，试着赶走这些想法吧！应对来自外界的要求，诀窍不是将记忆视为压力，而是将其视为环境的一部分。

记忆是身外之物，它永远不会影响你对自己和对自我价值的认知，除非你想让它这么做。我们可以通过调整状态、整理资料、做明智的判断，让自己以最佳的方式胜任需要做的任何事情。如果你的记忆随之变得更加高效，那就更好了。要知道，带来压力的不是人们在生活中已经掌握的事物，而是人们不曾掌握的东西。因此，在进行与记忆训练并行的思维练习时，需要着重操练的就是避免产生忧虑。其实，你只需花几分钟思考一下，就能知道担心是多么多余。如果你莫名感到自己处于压力中，不妨花一些时间进行记忆冥想。你可以选择一段积极的记忆（也许是与伴侣共进晚餐或共享日落美景），把它“提炼”成一个单一的符号，把注意力集中在这个符号上，然后对它进行可视化想象。想象那时候所有的积极情绪都由此处散发出来，就像四散开来的光线，你沐浴在闪耀的光芒中。睁开眼睛，试着再次专注于自己的任务。

练习二十一

面试之旅

面试是生活中让人倍感压力的一个场景。当我们感到自己面临被评价时，要做好承受压力的准备。我们很有可能在面试中忘记自身的优势或加分项，也可能忘记关于这份工作的内容介绍。以下建议能帮助你在面试中集中精力，表现良好。

1. 面试前进行深呼吸或冥想能帮助你放松心态。

2. 用记忆法在脑海中整理出 10 个关键信息，主要包括能够胜任工作的积极品质以及你想问的问题。你可能会发现用记忆桩比用旅程法更方便，因为作为面试者很难把控面试的节奏和议程。

3. 当你提出问题后，把精力聚焦在对方的回答上。试着把每条关键信息都进行可视化想象，也许你可以试着将其与令人难忘的超现实形象联系起来。面试后，把自己记住的内容写下来。后续你可能还会被要求参加第二场面试，第一场面试的信息可能会对你有用。

时间之旅

长期进行记忆训练能让我们变得善于存储和检索新信息。那么人们是否也能很好地处理过去的记忆呢？过去的经历对人性格的形成非常重要，因为它定义了“我是谁”。

时间旅行，或者也可以叫揭开遗忘的帷幕，是我最喜欢的记忆训练之一。时间旅行能让我们“回到”过去某个特定的时间和地点，使我们尽可能详细地记住这段经历。我们可以从一个细节开始练习，通过循序渐进的、探索性的联想在脑海中建立起一幅完整的画面。挑选一个安静、光线柔和、能带给你舒适感的房间，试着在那里练习敞开自己的心扉，也许你能够在那样的环境中捕捉到一些感官和情感信息。比如，试着去记住一些声响，像是椅子的吱吱作响声、火堆燃烧发出的噼啪响声等。你也可以从熟悉的细节开始练习，比如祖母家门厅的箱钟在整点发出洪亮的钟鸣声。你能想象那一声悠长的响声吗？

所有人进出家门都免不了从这座箱钟前经过。想象你在孩童时期从前门走进大厅，抬头看着这座钟是什么样的感觉？它唤起了你怎样的情绪？或许正如你想的那样，这座钟是否设置了特别的定时提醒？你的祖父母在那个特别的时间通常会做什么？你也可以尝试绘制童年记忆的思维导图，可以以你童年时居住的房屋或亲戚的房屋为中心展开思绪。或者，你也可以用他人的记忆作为练习的起点，毕竟只需获得一个回忆的细节，你就可以在脑海中引发一连串的相关联想。

回忆学生时代

这个练习将带你开启个人之旅，回到成长岁月。你可以利用班级合影、过去的教科书和奖杯奖状等帮助你唤起过去的记忆。跟着以下步骤试一试吧。

1. 选择一个能唤起你各种回忆的地方，比如曾经的学校。找到一个特定的地点，例如操场上的旗杆、篮球场或校长办公室。

2. “跳”进这个心理画面中。在这个画面中你几岁？你的朋友是谁？你穿着什么衣服？你还记得那里发生过什么有趣或吓人的事吗？

3. 将关注点往你选择的地点之外延伸。想象一下你的教室，你坐在哪个位置？试着回想一些“熟悉”的声音，比如学校乐队的彩排声、足球场上的欢呼声、粉笔在黑板上的书写声。你能听到老师的声音吗？学校里的气味你还记得吗，比如储物柜或是自助餐厅里的气味？调动每一种感官让这些画面尽量生动鲜活。

4. 现在把注意力聚焦在你的感受上。你喜欢哪些课？老师是严厉的还是和蔼的？在课上你感到快乐、焦虑，还是无聊？把这些关于学校的图像和细节在脑海中放映几遍，看看你还会想起什么记忆片段。

对过去释怀

积极的回忆能丰富人的生活，消极的回忆则会以一种耗竭甚至破坏性的方式搅动我们原本平静的内心。即使人们知道沉溺于过去已经于事无补，但有时仍会感觉自己被过往的糟糕经历、错误或遗憾所束缚。如何才能摆脱这些负担？强烈的情感具有固定记忆的作用，它们就像是防止油漆被弄脏的固定剂。如果我们能够学会剥离记忆中的情绪，那么情绪就不会再伴随回忆而出现，也就能避免我们再次为往事而困扰。

我们应当以实际的眼光去看待令人不安的记忆。摆脱负面经历并不意味着用刻意的压抑来抹去意识的一部分，我们做的只是改变自己的观点。你可以试着把过去视为增长智慧的学校，这个学校中的档案资料基于我们所有的经验（不论积极或是消极）而建立并完善。即使是一次错误判断，它对生活的意义或许并不亚于一项个人成就，作为学院档案资料的一部分，它也能为你在设定未来生活方向时指明方向。你要做的，只是按时间顺序将所有存档文件用相同颜色的封面装订。

要记住，过去已经是不可改变的远景，我们不该奢望去改变它。毕竟，我们不生活在过去，与过去相关的事情不会激发任何情感了。

练习二十三

整理负面记忆

当你经历了令人痛苦的事情，有必要在负面记忆进入大脑、做出情绪反应之前，试着对它进行处理。不论是事发后的 5 分钟、几个小时，还是几天时间，你都可以进行以下情绪“急救”练习。

1. 回忆到底发生了什么。试着在脑海中把它变成文字和图片。找出这段回忆引发的任何情绪。确定产生这些情绪的确切原因。

2. 深吸一口气，缓慢地吐气。当你吐气时，想象自己在吹气球，吐出的气体将带着所有与记忆相关的负面情绪填满整个气球。想象在这个气球上打个结，然后松手任它飘走。现在你已经远离了那些负面的记忆。

3. 想象你在审视自己的记忆。用实际的、合乎逻辑的术语去思考它。什么地方出了错？如何能将它改正？如果你的体验是信使，那么它传递了什么信息？最后，想象将记忆进行整理归档。你无须再次打开这些文档了。

情绪的世界

你最鲜活的记忆是什么？回答这个问题时，想必大多数人都会提到带有强烈情感意义的个人经历。情感联想将这些经历牢牢地铭刻在我们的脑海中，使它们很难被磨灭。我们通常都以带主观视角的滤镜来回忆这些浮雕般生动的经历。

这种高水平的记忆是有科学依据可循的。科学家认为，与情绪相关的记忆在海马体旁称为杏仁体的区域进行处理。杏仁体是一种微小的杏仁状结构，具有调节情绪的功能。在（不论好坏的）情绪体验中，杏仁体会释放与压力相关的激素，使心率加快，增加输送到大脑的氧气量，从而提高了记忆效率。随后，当人们进入回忆阶段时，杏仁体会刺激身体作出情绪反应，继而触发记忆。我们听到一首曲子时，某种渴望油然而生，尔后想起已经失去音讯的幼时好友在多年前也曾为我们演奏过这首曲子。记忆就是这样伴随着情绪的激活而出现。感官刺激也可以唤起积极的情绪。比如独自看日落时，我们会感到莫名的满足，这可能是一种审美上的满足，也可能与以往的经历有关，比如某次与要好的朋友一起在海边露营。其实，人们往往很难在日后再次捕捉当时当刻的那份感动与感受，接下来的练习或许能帮助你找回以前的感受。

练习二十四

重燃情绪的火焰

虽然积极情绪并不存在一个正式的清单，但我们可以大致区分哪些情绪是积极的，比如幸福、爱、同理心、好奇心、快乐、信任、乐观等。当生活看起来有点平淡时，我们可以通过捕捉过去的情绪来让自己对某些信息保持敏感。

1. 假设你对朋友没有缘由地冷漠无情。尽可能生动地回忆上一次你与那个朋友关系紧密的时候，也许是在他人生的艰难时刻，或者是他表现出令人钦佩品质的时候。

2. 想象有一座金奖杯，它可能与运动员的冠军奖杯很相似。这是专门为纪念你的那位朋友拥有优秀品质而制作的（在想象中的场合是这样）。

3. 想象自己身处那个场合中，你将向朋友赠送奖杯，给他们带来惊喜。你为能与他们相识而感到自豪。此时所有的负面情绪将烟消云散。想象自己要为朋友致颁奖词，解释为什么他配获得这座奖杯。

保持年轻的大脑

人衰老的方式和速度各不相同。想要延缓衰老的人，可能会在 65 岁前吃各种健康的食物，或者每天坚持游泳。在保持身体年轻的同时，请不要忽略关注心灵和身体的健康。兴趣是允许大脑和记忆充分发挥潜力的一个重要因素，它展现了我们对周围（从身边到全球范围）发生的一切事物的参与程度。兴趣和专注力都为有效记忆提供了坚实的基础。我们还是孩子的时候，对很多事物都表现出欣喜和兴奋，只因以前我们从未见过它们。

随着年龄的增长，我们开始对事物产生厌倦的情绪，周围环境对我们而言没那么令人着迷了。重拾孩童般兴趣的诀窍是透过熟悉的表象看到更深层次的东西，对周围发生的惊喜保持警觉，看到各种经历和遭遇背后的有趣联系。世界可不是它表面看起来的样子——如果用望远镜看月球，能看到看似光滑的月球表面布满了陨石坑；如果在公园闲逛，能顺便了解一下当地的常见树木种类；如果去参观一场花卉展，或许能就此了解17 世纪的荷兰郁金香贸易。

衰老并不是记忆力衰退的预兆。一旦我们不再认同于年龄增长必将带来思维迟钝的观点，就可以积极地展望未来。而随着经历的丰富，记忆也将变得越来越丰富。

如果能愉快地
回顾过去，
那就像是
人又活了一次。

马提亚尔（古罗马帝国诗人）

练习二十五

追踪记忆的联系

知识不是孤立存在的。你可以通过探寻主题间的联系、补全上下文信息，让自己获得更全面的认识。这些信息也将因此变得更有趣、更有意义、更容易记忆。

1. 在生活中找一个兴趣爱好，通过阅读或观察了解它的背景信息。比如，爱好园艺的人可以阅读植物学家的著作，从中了解自己所种花草的发现经过和小故事，也可以坚持绘制自己的花园观察日记，记录各种植物的萌发、绽放以及野生动物的踪迹等。

2. 在历史大背景中找一条世界新闻。其实，历史与时事之间并没有明确的界限。当我们阅读这本书时，世界各地都正在“产生”历史。试着去追溯当下事件过去的源头。

3. 有时我们也会遇到巧合事件，比如在不同的渠道得到了相同的信息。不要忽略这个信号，它可能表明这是一个值得深入研究的主题。举个例子，阅读传记时，你一定会读到有关主人公家人和朋友的信息，试着去研究一下这些人物的生平经历吧。

记忆的未来

参加脑力奥林匹克竞赛（世界记忆锦标赛是其中一部分）的选手，无论比拼的是国际象棋、记忆、桥牌还是速读等项目，如今他们都被称为“智力运动员”。这个称呼反映了公众对探索大脑真实潜力的兴趣日益高涨。与此同时，人们愈发意识到用记忆完成“看似不可能”的项目绝不是噱头，也不是依靠毅力和苦练就能打破纪录、名留青史的宏图大志。记忆冠军们向大众传递了更为重要的信息，那就是智力的可完善性。大脑的真实能力远超过大多数人的期望，他们用实际表现告诉人们这个非常重要的科学事实。人类大脑拥有的天赋要比他们所渴望的更加丰富和辉煌！

可以确信的是，如今的我们生活在一个以计算机主导技术创新的时代，人们能在越来越智能的软件上储存、获取各种信息，但我们的大脑中仍有一个小角落专门为记忆而开辟。就在你翻阅这本书时，说不定某个研究团队正在实验室中取得了令人兴奋的新发现。我热切期盼认知与心理学的研究将继续关注大脑在日常生活中的实际应用，尤其是那些探索发挥大脑存储和检索信息极限的难题。

可以肯定的是，我们都不需要借助诸如便携式计算机和记事本等工具来辅助记忆，只需有决心和技巧。就目前来说，记忆冠军们能做的就是将通过长期实践和改进得到的记忆技巧传授给更多人。从这方面来说，我认为我们是先驱者，而不是魔术师。哪个魔术师会愿意向好奇的观众透露独门秘籍和后台的运作方式？ 假以时日，我相信会有越来越多的人加入我们的行列，在记忆宫殿里开辟新的空间存储人类的智慧宝藏。

参考书目

1.Abrahams, Roger D, ed. *African American Folktales: Stories from Black Traditions in the New World.* New York: Pantheon Books. 1985.

2.Ashcraft, Mark H. *Human Memory and Cognition (Second Edition)*. London: Harper Collins / Massachussetts: Addison-Wesley. 1994.

3.Baddeley, Alan. *Your Memory, A User's Guide.* London: Prion / Massachussetts: Allyn & Bacon. 1998.

4.Bloom, Floyd E. and Lazerson, Arlyne. *Brain, Mind and Behavior.* UK and New York: W.H. Freeman and Co. 1988.

5.Buzan, Tony and Buzan, Barry. *The Mind Map Book.* London: BBC Books / New York: Plume Books. 1996.

6.Buzan, Tony. *Use Your Memory.* London: BBC Books / New York: Penguin Books. 1992.

7.Cade, C. Maxwell and Coxhead, Nona. *The Awakened Mind.* Dorset / Massachussetts: Element. 1989.

8.Crook, Thomas H. and Adderly, Brenda. *The Memory Cure.* London and San Francisco: Thorsons. 1999.

9.Crossley-Holland, Kevin ed. *Northern Lights: Legends, Sagas and Folk-tales.* London: Faber and Faber Ltd. 1987.

10.Dudley, Geoffrey A. *Double Your Learning Power.* London and San Francisco: Thorsons. 1986.

11.Fidlow, Michael. *Strengthen Your Memory.* Cippenham: Foulsham & Co Ltd. 1991.

12.Fry, Ron. *Improve Your Memory.* London: Kogan Page. 1997.

13.Gatti, Anne. *Tales from the African Plains.* London: Pavilion Books Ltd / New York: Puffin. 1997.

14.Greenfield, Susan. *The Human Brain, A Guided Tour.* Oxford: Phoenix / New York: Basic Books .1997.

15.Gruneberg, Michael M. and

Herrmann, Douglas J. *Your Memory for Life.* London: Blandford / New York: Sterling Publishing. 1997.

16.Houston, Jean. *The Possible Human.* New York: J.B. Tarcher. 1982.

17.Hull, Robert. *Central and South American Stories. Tales from Around the World series.* Hove: Wayland Ltd. 1994.

18.Lawson, John and Silver, Harold. *A Social History of Education in England.* London: Methuen. 1973.

19.O' Brien, Dominic. *How to Develop a Perfect Memory.* London: Pavilion. 1993.

20.O' Brien, Dominic. *How to Pass Exams.* London: Headline. 1995.

21.O' Brien, Dominic. *Super Memory Power* (Books 1 - 4). London: Linguaphone.1997.

22.Ostrander, Sheila and Schroeder, Lynn. *Cosmic Memory: The Supermemory Revolution.* London: Souvenir Press. 1991.

23.Parkin, Alan J. *Memory - Phenomena, Experiment and Theory.* Hove: Psychology Press. 1993.

24.Rose, Steven. *The Making of Memory.* London / New York: Bantam Books. 1993.

25.Russell, Peter. *The Brain Book.* London: Routledge / New York: Penguin. 1997.

26.Samuel, David. *Memory - How We Use It, Lose It and Can Improve It.* London: Weidenfeld & Nicolson / New York: New York University Press. 1999.

27.Schacter, Daniel L. *Searching for Memory.* London: Basic Books / New York: HarperCollins. 1996.

28.Wingfield, Arthur and Byrnes, Dennis L. *The Psychology of Human Memory.* London/ Massachussetts: Academic Press. 1981.

29.Yates, Frances A. *The Art of Memory.* London: Pimlico / Chicago: University of Chicago Press. 1994.

致 谢

作者和沃特金斯出版社感谢托尼·布赞同意在本书中使用思维导图®™技术。有关思维导图®™的更多信息，请详见 www.thinkbuzan.com。